迷你咖啡馆设计经营一本通

SH美化家庭编辑部　著

U0222692

江苏凤凰科学技术出版社

让我们在小空间内大显身手

我们深入采访了 16 家经营成功的咖啡馆，并对设计师在店面设计时的细节做剖析。比如如何解决小面积咖啡馆最重要的采光问题，空间放大有哪些技巧，墙壁使用何种材料更有品位等，相信能为准备开业的店主们或者对咖啡馆装修有兴趣的读者提供具体且实用的学习经验。

这些大约在 70 平方米以下的咖啡馆，由于空间面积小，所以在装修设计上有许多限制，但相对地也存在一些先天的优势，例如节省成本与方便管理等。如何善用先天优势，并将限制转化为特色，是老板与设计师们的一大挑战，也是本书想要分享给各位的主要内容。

在采访的过程中发现，大部分迷你咖啡馆的老板就身兼设计师，这些老板对于自己的店要做成什么样子很有自己的想法，并且对自己的小店充满热情，对未来也充满了期许。开业对许多人来说是将好多年的积蓄孤注一掷的投资，只准成功不许失败。因此，从天花板到菜单等各种细节的设计上都需要小心翼翼，尤其是空间设计，虽然只是一个环节，却是相当重要的。

小面积的室内装修相比大面积来说，自己设计与施工比较可行，实际上我们也看到了很多精彩的业余设计师的作品。只要多做功课，加上对美感有一些独到的见解，每个人都有可能创造一个拥有别样风格的商业空间。

很多人都有做老板的梦想，迷你咖啡馆看起来入门比较简单，成本也较低，但其实充满学问，因此我们从这里着手研究，希望能给读者带来更多实战经验。愿大家都能有所收获，并且一步步朝着自己的梦想前进。

编者

目录
CONTENTS

第一章
你该懂的迷你咖啡馆装修知识

第二章
迷你咖啡馆装修实例分享

第三章
迷你咖啡馆的经营诀窍

一、定位评估

二、商品规划

三、设计与经营

四、营销包装

第一章

你该懂的
迷你咖啡馆装修知识

The mini cafe decor knowledge you should know

在寸土寸金的台北，大家都很关心如何在视觉上把居家空间面积扩大的问题。那么，小面积的商业空间如何装修呢？本章由咖啡馆设计达人深入探讨小面积咖啡馆的设计，带领读者了解目前市场上咖啡馆设计风格取向的现状，让想开设小咖啡馆的你，在装修前了解各项必备的空间设计元素，率先掌握设计致胜关键。

一、迷你咖啡馆的市场现状

台北70平方米以下咖啡馆的分布比例

咖啡文化悄悄转变

随着都市生活的快速改变，物价高涨，在房价寸土寸金的情况下，咖啡馆的面积也由大变小。就台北市 70 平方米以下咖啡馆的分布来说，设置地点以百货公司、游乐区、办公区、车站、购物街、美食街等热闹、人流多的地方为主。因为生活节奏快，加上与人的活动习惯有关，多数人不再选择定点式的咖啡文化，而选择外带方式——人手一杯咖啡，于是小面积咖啡馆林立的城市聚落形式就愈加明显。

迷你咖啡馆与一般咖啡馆选址的异同

基本上，台北迷你咖啡馆的集中区域，也与一般咖啡馆的分布情况相同，像东区、永康街等咖啡馆密集区就常看到迷你咖啡馆的踪影。另外，学区附近也常出现小面积咖啡馆，有需求就会有市场，或许是学生们偏爱去咖啡馆看书、聚会，家庭式的温馨小店自然受到欢迎，像台湾大学附近的温州街内咖啡馆密集度极高，且因位于小巷，面积自然不大。

除此之外，小面积咖啡馆因为开店条件较低，面积需求也较小，比起大的

达人专访 INTERVIEW

莫克空间设计·莫国箴

· 莫国箴建筑师事务所主持建筑师
· NAL欧盟挪威皇家建筑师
· 专长：建筑及景观设计、土地整体开发、专业营建管理

· 莫克国际室内装修设计有限公司负责人
· 台北科技大学兼职讲师

咖啡厅，似乎更有零散分布、深入各住宅区的倾向，其中很多店提供地区性的服务，尺寸小巧却能周到地服务周围的咖啡饮用人群。

综观目前台北咖啡馆市场，差不多每三间咖啡馆，就有一间是小于 70 平方米的，我们称其为"迷你咖啡馆"。此类咖啡馆的市场规模，就比例上来说并不少。

② 有特别适合小面积咖啡馆的装修风格吗？

迷你咖啡馆可以做成任何风格

一般来说，咖啡馆面积的大小与装修风格并没有直接关系。除了迷你咖啡馆因为面积小的限制而无法充分呈现气势宏大的欧式古典风，抑或由于空间小、东西很多让店里展现狭窄的杂货风等之外，基本上，店内想要做成什么样的风格，还是与老板的喜好以及对咖啡馆形象包装的策略相关。

工业风还是大宗

观察现有市场上的迷你咖啡馆装修，最常见的还是工业风等较为简单、没有太多烦琐装饰与考究语汇的风格，一方面预算比较好控制，整体易维护，另一方面也赋予了小空间比较开阔的放大感。但是像复古风等极具个性的装修风格也不算少见。

莫国篆建筑师认为从现在到未来的五年内，从住宅设计延伸出的LOFT风格，还会是台北大小咖啡馆的设计主流，灯光与材质无须太多设限与配置，活动式的家具简单、易维护，风格以陈设展示为主导。

简单就会开阔

莫建筑师建议，如果要以"放大"空间为设计重点，可以考虑以系统家具为主的日式风格"无印良品"。从颜色深沉、材质复古的工业风转为有透明落地玻璃窗的明亮、洁白的空间印象，让人在视觉上开阔了许多。尤其当阳光洒进室内，给小面积的空间营造了一种轻巧、舒适的氛围。

③ 关于小面积连锁咖啡馆的设计

以现代与工业风基调为主的连锁店

在目前台北的小面积咖啡馆市场之中，其实有一些连锁式咖啡馆在市区渐渐扩散开来，它们的装修设计多以现代与工业风基调为主。"连锁"顾名思义，同品牌下每一间店的设计风格与形象包装都是一致的，以下是几间小面积连锁咖啡馆的介绍。

1／85度C

85 度 C 名字取自"咖啡在 85 摄氏度时喝起来最好"的意思。2004 年 7 月第一家直营店开张，强调商业、快速、便宜的经营原则，风格的设计则考量到品牌本身以甜蜜、幸福感受为诉求，以简单、现代风格为主。店内座位数安排，视地区而定。如信义区、大安区等较繁华、热闹的都会中心，座位数较少且多集中于开放空间，并偏向外带的客户为主。而北投区、内湖区等城市周边区域，则规划了室内座位区，满足洽谈公事或与朋友交谈的需求。

2／cama café

2004 年第一家 cama café 创立，少有的鲜黄色的 LOGO、可爱的 cama baby 公仔，给台北市骑楼带来一些文艺气息。集所有烘焙器具之大成，且坚持在现场手工挑豆、新鲜烘焙制作，飘散而出的浓郁咖啡香，让人依循香气就能轻易地发现 cama café。店内以沉稳质感、厚实颜色为主的 LOFT 的设计风格，相对地提高了消费者对于店面的辨识度。主打外带外送，尽管室内座位不多，但善用每一个设计表现来发挥每一寸面积的最大效益。

3／LOUISA COFFEE

　　于 2007 年 4 月开业的 Louisa Coffee，提供舒适的座位区，同时标榜平价、快速的外带咖啡，风格取向上较偏向美式工业风，店面规划上也较为细腻有序，多了些图像式的视觉效果及艺术气息，并提供多样化、高品质的咖啡豆，而且有完备的咖啡与茶饮组合，更便利地提供给消费者平价美味的早午餐。

④　该自己张罗还是请设计师设计？

自己的店自己做

　　为了节省预算，现在越来越多的人会尝试自己设计或自己动手做咖啡馆装修。一方面现在取得信息很方便，通过网络、书籍等就可以搜集到各式装修风格的参考图片，或者施工的理论知识等；另一方面，当老板自身有独特的装修设计品位时，自然不乏精彩的成果展现。

老板主导概念，把专业问题交给专业设计师

　　需要注意的是，装修毕竟是一门专业，隔行如隔山。除了主观的审美标准之外，像采光的合理配置、动线的安排、空调的安置等，若由非专业设计师来执行，有时候很容易碰到问题。所以除了建议大家要自己勤做功课之外，也可以考虑自己提出"概念"，然后由专业设计师实际"执行"。

在成立迷你咖啡馆前，要搞清楚的是自己的设计概念，例如喜爱的样式、欣赏的类型、想要的风格等。设计者则从经营者的概念里，理出设计的方向，给予专业的意见并加以执行。

⑤　关于小面积咖啡馆的装修费用分配

以 50 平方米以下的迷你咖啡馆为例，装修费用多半会在 10 万元以内，设计之后因为添置家具的原因最多达到 17 万元，若装修预算更多的话，普遍会倾向于租赁更大面积的空间。

常见装修项目

以 2000 ~ 2500 元／平方米，甚至更便宜的 1300 元／平方米的装修标准来看，项目不外乎是大图输出、PVC 地板、天花喷漆处理，柜体多隐藏管线线路，其他则为既有设备与作业平台之间的操作与规划等。

从单品思考反推总预算

家具的选择上，尽量不要以一个总预算思考规划所有的家具，而应该首先考虑希望店内呈现什么样的风格，重点是单品的设计感与是否符合人体工程学等。比方说，原本 6000 元可以买到 10 把坐起来不怎么舒服的椅子（一把 600 元），但考虑到让消费者坐得舒适（消费者坐 1 ~ 2 小时也不会感觉难受，但也不至于久坐不走），可以在预算内增加到一把椅子 1200 元，购买 5 把具有设计感且坐起来舒服的座椅。若纯粹地考虑预算，很有可能会影响了店内的装修质感。

装修知识加油站
Decorating Knowledge

跟讲求耐用与实用性的居家装修相比，大家都有个共识——商业空间装修会将美观需求放在首位。因为很难控制消费者的使用行为，以及考虑到商业空间为求新求异，可能一段时间后需要更换装修，在建材与家具的选择上，通常会以压低预算为优先考虑，而不像居家空间那样追求的是长期使用。

但是，要如何兼顾消费者短时间消费的视觉吸引力与使用的舒适度，就要回归到经营者的策略规划。并非每一个店铺都看重"翻桌率"，比如本书中的案例闻山咖啡馆，以售卖咖啡豆为主，店内的座位是为了树立形象及提供附加服务的，因此不必采用最舒适的桌椅，就算客人捧着电脑在店内坐上一下午也没有问题。

二、迷你咖啡馆装修大剖析——放大，再放大

① 基地形状

迷你咖啡馆常见的基地形状，大致可以分为长形与方形。但是，莫建筑师建议，其实小面积咖啡馆在挑选基地时，也可以考虑挑选一些不太规则的基地。

不规则基地转劣势为优势

一般遇到不规则基地，你觉得会浪费许多面积，所以多半会选择矩形，或至少趋于方正的形状。但是如果遇到一些好比是梯形的空间，反而可以很自然地创造出一些角落，这些小角落在小面积咖啡馆中，能够营造出难得的氛围与空间。它可以是杂志区，或者阅读区，或者陈列区……又或者是 L 形的基地，因为拥有两个对外的采光面，反而优于矩形的单一宽度。

当空间方正时，你多半想将每一寸面积换算成可以赚钱的座位区，而不愿将其作为别种用途使用，相形之下就失去了一些空间特色！

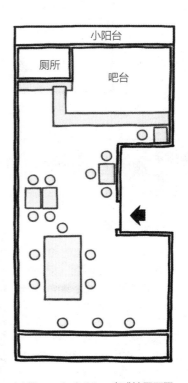

ichijiku cafe & living 咖啡馆平面图

建议选择面宽大于深度的店面

另外，咖啡馆应该注重的是宽度，绝非深度。以 50 平方米大小的店面来说，最佳的宽度达到 6 米，绝对非常好用，但是如果空间只有 4 米的面宽，室内深度就会太深，光线无法到达最里面。所以对于小面积咖啡馆的基地选择，建议宽度大于深度，室内才能拥有最佳的采光与空间感受。

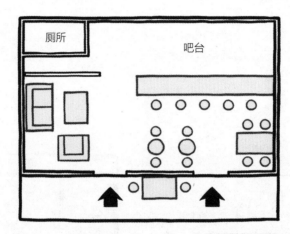

公鸡咖啡馆平面图

装修知识加油站
Decorating Knowledge

小店也可有分区

在一般观念里，大面积咖啡馆设计比较容易做到分区，但是在实际观察中发现，小面积咖啡馆也多见分区的设计，而非仅仅考虑在空间中如何放置最多的座位。不论是顺应基地分为里外或左右座位分区，或者架设柜体设置展示区域等，适度的分区让小基地产生层次并有扩大空间的效果。

② 座位与动线

常见一字形动线

在追求最多座位数的前提下，桌椅大部分都是安置在吧台前与靠墙、靠窗处，以达到小面积空间的最大使用率。因此，长形基地的动线几乎为两侧座位间的一字形动线，方形基地则依座位安置的不同位置，动线会有分支。但是无论如何，动线都比大面积咖啡馆单纯很多，在一进店面一目了然的情况下，消费者也很容易马上抓到动线规则，例如可轻松找到去洗手间的路线，让人有安全感。

让座位间的距离够进出即可

在规划时，首先需要拉出的主动线是到柜台前面购买咖啡的独立动线，然后就是座位区的安排。因为 50 平方米以下迷你咖啡馆的动线，座位与座位间的距离是绝对拉不开的。因此，与其刻意在座位区当中设计动线，或者将座位与座位的距离拉开，不如干脆将座位区集中，让座位间的距离够进出即可，这样反而能为店内其他地方创造独立且便于行走的通道与路线。

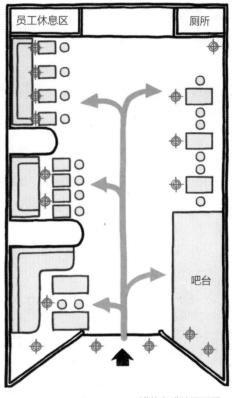

猫妆咖啡馆平面图

如果你去过巴黎中央车站的北出站口，或者伦敦街道的露天咖啡馆，就会发现室外座位空间几乎都不是宽广的，可是坐在其中或是行动于其间却不会感到不舒服；相反地，若将座位区拉得很开，刻意规划出一条不算笔直的动线，与人谈话的过程中，会一直被附近人移动的脚步所干扰，不仅坐得不舒服，连带行动也会十分别扭。

疏密有序的魔力

大型连锁咖啡馆星巴克分为独立的购买动线和因宽广稍显浪费的等待区域，以及稍显拥挤却完全独立的座位区，或坐或动都不觉得受到限制，整间店给人感觉分区有致且稳中有序。

装修知识加油站
Decorating Knowledge

关于迷你咖啡馆的桌椅

一般来说，迷你咖啡馆的桌椅配置会有以下特性：

● 较少的四人桌配置，全店以两人桌为主，人多时采用拼桌的弹性方式，这样就不会浪费空间，可以有效利用店内每一个座位。

● 可以久坐的沙发比较少见，如果是为了丰富店内的装修层次，最多放一组。

● 椅子的使用上不要为了追求秩序带来的清爽感全部统一制作或购买，也不要以风格至上的原则而采取各种流行风格混搭的方式。

● 对于大面积的咖啡馆来说，吧台的座位是提供给消费者的额外区域。对于座位数较少的迷你咖啡馆而言，吧台的座位变得很关键也很重要，在设计上也需要特别留意消费者的舒适性。

● 一般迷你咖啡馆中75厘米高的桌子，常用桌面宽度的固定尺寸为30~50厘米，椅子则至少要有40~50厘米宽的放置空间。这些都是目前咖啡馆中消费者所习惯的桌椅放置尺寸和空间。

40~50厘米

30~50厘米

75厘米

③ 小空间的灯光学

光线，对于人的情绪有着极大的影响力。以目前流行的 LOFT 工业风格为例，其灯光、颜色较为深沉、昏暗，不走明亮路线，刻意营造出慵懒的氛围。

在选择光源时，首先建议：

1／间接照明以黄光为主

最好以太阳光或黄光作为迷你咖啡馆的主要光源，除了增加空间温度，在视觉上也会使人觉得温暖。

2／多元化间接照明设计

目前许多咖啡馆多半只有桌子上方的点灯效果或是桌面上的微弱烛光，以至于进入该空间，无法让心情豁然开朗，昏暗的室内灯光，反而造成视觉上的压迫感。因此，部分间接照明（如桌灯、立灯的增设）也要做足，空间不能只有点灯源。

3／吧台灯源设计

吧台区灯光，仍是以暖色系（黄光）为主，将间接照明作为空间的背景光源，并搭配投射灯或吊灯提升空间的轻松感与舒适感。

温暖、明亮、清新的风格元素

　　结合上述灯光学的概念，莫建筑师预测未来迷你咖啡馆的设计风格，较有可能是偏北欧风格或无印良品式的日系格调，采用较温暖、明亮、清新的风格元素。甚至这样的店面不一定要集中在热闹的市区，可能在公园或绿地旁老式建筑的一楼，就足够吸引都市人的驻足，使其尽享一个人的咖啡时光。

 装修知识加油站
Decorating Knowledge

小空间灯光的使用，与大空间有何不同？

　　基本上，咖啡馆无论大小，追求的都是空间的氛围。通常同样的光线条件下，小空间需要的灯具数似乎自然少于大空间，但考虑店内造型灯具所带来的装饰性，以及人对空间灯光的期待性，其实设计师在灯光的思考安排上还是有很大发挥空间的，就看设计师或老板想要让店里呈现什么样的氛围以及预算的上限是多少。当然你也可以在预算最低的情形下达到照明的效果，但还是需要了解灯光的装饰与舞台效果。

④ 颜色抢眼学

明亮是一个好选择

　　观察目前小面积咖啡馆的室内颜色，普遍倾向以深黑色或深大地色系为主，其实若从空间视觉放大的效果来看，在规划小面积咖啡馆的时候，若赋予其明亮的色彩，甚至大胆地运用白色色系与原木色系的搭配，视觉感受会无形中被放大、延展开来。

比居家空间发挥更大的色彩变化

　　配合其他木质材料时，可以采用一些染色的处理，比如说如果希望营造复古、带点乡村风氛围的空间，就可以选用蓝绿色，营造出温馨、朴实的风雅感受；如果想要营造出纽约上城都会时尚的魅力，则可以运用黑、白、灰色系，空间的线条与格调顿时会显得锐利、有型；如果醉心于法式乡村风格，可以借由橙黄、红棕等暖色系，地板顺势搭配一些复古砖，营造出慵懒、悠闲的法式魅力。

　　因此，在规划小面积咖啡馆的色系时，除了因老板的偏爱或是想特别营造某种个性风格外，建议不妨尝试一下浅色系，打造出让人眼前一亮、抚慰人心灵的场所。

装修知识加油站
Decorating Knowledge

墙面、天花板与地板的千变万化

　　墙面材质除了选用单纯的油漆外，与居家空间一样，还有水泥墙、砖墙、壁纸等许多做法，都会赋予空间不一样的感受，除了需考虑预算之外，再有就是老板的喜好与希望店内呈现何种风格了。

另外，店内可大面积彰显色彩的地方，除了墙面，还有天花板和地板，一般咖啡馆天花板常做的形式有不做天花板、木制、塑料等，地板则有水泥、木地板及瓷砖等，都会为店内带来不同的视觉感受。

⑤ 关于小面积咖啡馆的吧台设计

工作区与座位区的比例分配

以往在规划餐饮空间时，基本上会保留 1/7 ~ 1/6 的空间给后场使用，现在有些餐饮空间，后场规划已达 1/4 的室内面积。也就是说，50 平方米室内空间要保留大约 13 平方米给后场厨房使用，因为要解决一些货、料或器具设备的零组件的存放位置等问题。换句话说，50 平方米空间中，要有 1/4 的设备区、3/4 的对外营业区。

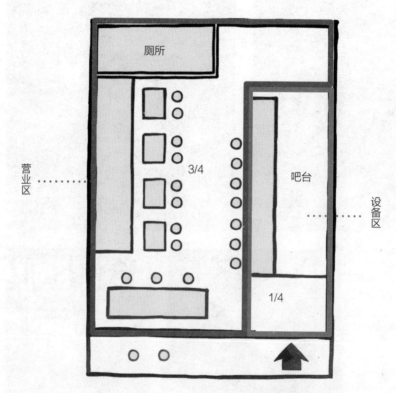

Kuantum Kafe咖啡馆平面图

这其实跟设备的进步有关，过去也许只需保留 1／7 的面积给厨房、设备、收纳使用，但是现在机器越来越先进，也越来越多样化，因此保留给设备、展示或零售使用的空间也跟着增加。

吧台降低或再升高

在设计小咖啡馆的吧台高度时，会往两个方向思考：一个降低高度，在视觉上减少小空间的压迫感；另一个则是干脆升高高度到 110 厘米，创造一种可以"站着喝咖啡"的饮用方式。

低吧台　　　　　　　　　　　　　　　　　高吧台

如果你只是很随兴地喝杯咖啡、发发呆、与人闲聊两三句或待个 5 ~ 10 分钟就离开，其实高吧台的设计，完全符合这样多元化的需求。尤其对于小面积的空间，高吧台只要留 30 ~ 50 厘米的桌面宽度、110 厘米的高度，就可以站立、倚靠，丝毫不占空间。

⑥ 店面与大门的规划

　　小面积店面在曝光度和商品丰富性方面先天就居于弱势，所以店面与大门规划相比，要足够显眼，才容易聚焦。

让人看见店内的开放感是关键

　　许多小面积咖啡馆面不超过3米宽，为了不让原本就小的店面太具包覆感，以及避免室内与室外有区隔感，很多小面积咖啡馆会采用大片的清玻璃，从外面就可以清楚地看到里面的陈设与座位，无形中是一种比招牌更让人清楚店内定位的方式。其他常见的方式还有使用空气帘，连通室外的同时室内冷气也不易外泄。或是使用矮栏杆与室外简单地区分开来，有些专攻外带的咖啡馆，甚至采用无大门设计，少了隔阂，也表明随时欢迎大家入内。

门面的设计

建议将透明度高的材质、电动的横拉门作为门面设计的首选，并且放置一些植物，如果地点位置好，就应该让路人可以看到店内员工亲手冲制咖啡的模样，增加与路人的联系与互动。

全透明玻璃推拉门：

感应式电动横拉门：

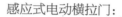

装修知识加油站
Decorating Knowledge

不管是招牌还是店面，虽然大部分人会以显眼、吸引路人为优先考虑，但是也有为数不少的咖啡馆反其道而行之，走低调路线，采取包覆性设计，或者无法清晰辨识咖啡馆的招牌或设计。这也算是一种个性的路线，追求的并非曝光强度而是店的整体个性形象和美感，类似这种情形，通常目标消费群并非过路人而是熟客，或是从别的地方知道了这里而特意找来的。

一切看经营者如何设定设计取向，当然，如果可以在显眼和个性气质中找到平衡点，将是最理想的方式。

⑦ 气味与空调

　　空调不只单纯地吹冷气，还能有效地调节空气。当空气流动或被调节时，温度就会下降，可以感到空气的舒适。目前有些小面积咖啡馆，店内不常开空调，建议这样的预算不要省，以保持舒适的室内温度。

小面积咖啡馆空调机的功率与形式

　　小面积咖啡馆的空调机功率估算方式约 1 冷吨 ／ 13 平方米，如果有西晒问题，建议先做内外遮阳设计，再考虑增加室内空调机功率。小面积咖啡馆空调机安装位置建议采用壁挂式或吸顶式两种形式，原则上出风口避免直吹顾客坐下的后头顶区域，以减少顾客被风吹的不适感，以小咖啡厅的空间规模来看，并无绝对的空调机安装位置的限制。

咖啡馆的气味

气味方面，传统上我们希望顾客刚踏进咖啡馆时，可以迎来咖啡豆香。但是，如果咖啡豆的等级不够高，久了之后，会形成一种难以忍受的呛人的酸味，其实可以再多点面包味、乳酪味，或是有些略带苦味的巧克力粉味，再来就是空间装修后真正实木（香杉、桧木、樟木、榉木）的香味，或是烟熏过的旧桧木，或是纯正的木油，或是天然的精油，可以让空间里多些自然的气味，使顾客心情舒畅。

装修知识加油站
Decorating Knowledge

温度与空气品质

店内的温度设定为多少比较适合？原则上是和住宅的舒适范围差不多，只是咖啡馆又多了机器运作产生的热能，还有多人聚集时拉升的空气温度等复杂因素，所以通常在空调温度设定上需要降低一些。

另外，以空气品质来说，并不是开空调空气就会好，重点是空气流动。关于店内的供气与排气的理想配置，最好请专业人士依店内情况来提出建议。下图为空气进入与排放的示意图，但是目前许多商业空间会因为开启空调，而选择全密闭式的空间。

⑧ 声音

容易让人忽略的"声音"品质

关于小空间咖啡馆的"声音"，应该是可以听到同桌彼此对话，却不显嘈杂。很多人在规划商业空间时，会忽略掉"声音"的处理，身处一个漂亮、舒适的空间，但是店内声音却嘈杂难耐，会让人不太舒服。如果可以找出问题症结所在，并通过设计得到解决，才可称为真正的"好风格"。

吸声、隔声材质

如果音场没有处理好，那么本来应该悦耳的磨豆声，衬着杂沓的人声，就会成为难以忍受的噪声。以目前市场上较多的工业风格的小面积咖啡馆来看，吸声率都是不足的，所以容易形成噪声，可以考虑在天花板及立面的造型上运用具有吸声、隔声功能的材质，同时通过明亮的颜色创造开放的空间关系，也起到减少噪声的效果。

一般常见并建议使用的吸声材质有：玻璃棉、岩棉、泡棉、矿棉麻织与棉纤维等。

⑨　家具

小空间不能错过的家具搭配

以目前市场上最流行的工业风为例，在风格呈现上有不同的方向。以颜色来解读，欧洲与美国的色彩喜好不同，表现的彩度也会有所差异。在工业风中最具代表性的材质——金属，就有三种辨识方法，除了常见的黑铁类和铝皮类，最近还出现了"轻工业风"的浅色金属：

1 黑铁类

粗犷感鲜明，比较低调，边缘有铆钉。

2 铝皮类

源自当时对太空飞行时期的幻想，特征是铝皮结合螺钉、色泽明亮，很吸引目光。

3 轻工业风

除去暗色调，将灰色作为主色调，加入轻浅色木质元素，带入北欧宁静氛围。

达人专访 INTERVIEW

林庆宗

纯真年代家具经营者

注意！ 放大小空间的重要搭配

因为空间小，咖啡馆老板自然会考虑翻桌率或外带率的配比，进一步影响要选择的家具：板凳使人坐的时间短，而有背的椅子会让客人停留的时间久一些。

· 桌子：如果没供应餐点的话，桌面可以低一点，会让空间看起来大一些；或是选用较小的桌面来节省空间。

· 柜体：虽然是咖啡馆，还是有杂物要收纳，悬空的柜体在视觉上比较轻盈。

悬空柜比较轻盈，色彩柜可以补充空间色彩。

1 可以弹性变动的家具组合

钟爱工业风的专家林庆宗认为，"活动变化"是很少人注意到的重要环节，因为咖啡馆面积小，除非是老板手艺特别好，不然咖啡馆的氛围就是决胜因素。可以不定期变动空间布置，让小店充满新鲜感，例如选用可以拼接的活动柜，或多功能的家具等。

用作回收或展示台的环保木开放架也是颇受欢迎的，因为它本身使用了回收木材，保留了木材本身的质感与历史色彩，而且客人必定会经过并使用到，所以是可以投资的家具之一。

具有实用与展示双重功能的家具最好用。

置物篮平时可以收起来，来几个人拿几个出来，不会占用空间。

❷ 选一个视觉重点就好

小空间其实不要过度花哨，在家具或灯具之间，选择一种做主角，例如选了花哨的家具，灯具就素雅低调，反之亦然。这时"吸睛"的视觉重点可以是大件物品，例如特色长桌或造型收纳柜。

注意！ 预算不够时如何买

复古工业风中环保木系列的重点是：保留使用过的痕迹。找出空间中决定性的特色商品，如真正手工制作出来的复古工业风家具，质感特别，每一件商品都是独一无二的，拥有历史的痕迹及手感温度。

❶ 一定要有一件手工制作的"吸睛"家具

预算不够时，可以优先考虑"吸睛"又实用的柜子或是桌子，手工做旧，呈现原始手感，带有斑驳痕迹，容易引出客人的话题。那要如何买到真正"手工做"的复古家具呢？具体观察方法有 3 个标准：

（1）外形不像流水线作品般尺寸一模一样。

（2）保留材质本身的触感。

（3）多以旧木、漂流木再制而成，保留了色彩痕迹，每件之间都有差异性。

复古工业风家具多是在印度制作的，该地是全球主要的代工区，所以技术最熟练，手感也最细腻。

椅子的确是损耗比较高的家具，可以选择比较便宜、工业化制造的物件。但是最好根据店中的实际状况选择合适的实用款，或是风格设计款。

因为吧台区的桌面比较窄，设置吧台椅就是增加座位与节省空间的有效方式。

纯手工制作的家具，磨出来的颜色痕迹，没有一件相同。

❷ 注意墙面不要"干干"的

如果没有请设计师来设计的话，就选一个区域当作自己的家来布置，展现个人风格。例如沙发旁的小角落，可以使用多肉植物、水管灯、桌面灯等装饰，在色调上使用暖色调的灯光，可以让室内产生温暖氛围。

再来，省预算也不能省在墙面上，色彩、壁饰、彩绘都是可以考虑的方面，这样空间才有完整的收尾。

笔记

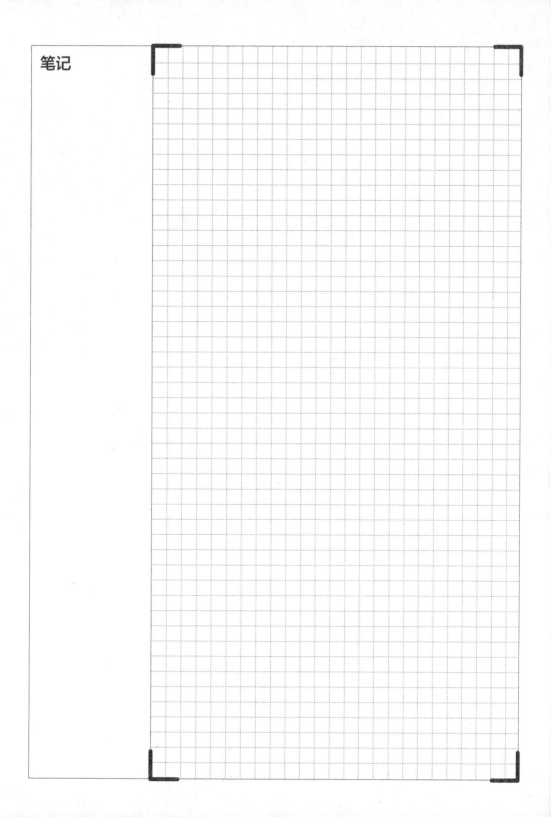

第二章

Mini cafe decor instances share

　　看以下几家成功的迷你咖啡馆，如何用5万～20万元做装修。复古混搭、小清新、华丽古典、工业风和现代感，装修布置实战技巧大公开。

　　省钱：天地壁、吧台、桌椅这样做省钱最多。
　　放大：运用一点点技巧，扩大视觉上的空间面积。
　　风格：老板不藏私地分享风格塑造经验。

ichijiku 咖啡

1

复古混搭
CAFE

虎记商行

🏠 台北市中正区宁波东街1-1号
🕐 每日12:00～21:30
▦ 饮品、蛋糕、咖啡豆、挂耳包

面　　积：（33＋20）平方米
店　　龄：3年半
店员人数：4名（不含实习生）
装修花费：6.3万～7.3万元（不含设备器材）
设 计 师：老板

2

Plan
让原有的店面空间展现独特风格

老板找了半年多店面，终于找到离地铁站近、独栋、面积小、费用在可承担范围内的店面，就好像命中注定的一样，与这间房子特别有缘分。但是因为这个地方很老旧且未经整修，必须耗费许多精力与财力去整理，身边的人都说老板选择这个地方真的是疯了。

对于设计，老板有自己的一套想法，不想跟风现在很多充满洋味儿的咖啡馆，只想做出自己的风格。一开始承接店面，除了基本的水电与基础工程之外，在装修和装饰上凡事都亲力而为，很多内部设计都是老板亲手去做的，最后终于造就了别具一格的虎记商行，令友人和消费者都大为惊叹。店里各个角落都可以看出老板的用心。

Progress
不花哨，回归咖啡的本质

在开虎记商行前，老板曾在网络公司工作了一段时间，后来跨足餐饮业，开过牛排店。其实在开牛排店之前，老板一直都在接触咖啡，也对咖啡馆经营很有想法，所以就借着这个机会，想好好地经营一间咖啡馆，于是有了虎记商行的诞生。

老板专营精品咖啡，专注咖啡本身的品质，坚持不花哨与实在。客人手上拿到的每一杯咖啡都是精心制作的成果，店里的客人从二十岁出头的年轻人到六十几岁都有。老板也会介绍新豆子给大家认识，相信好东西自然而然就会有人欣赏，从而肯定虎记商行。

1. 他人难以仿效的、将艺术与装修相结合的成果。
2. 用心经营且很有个性的老板。

1. 虎记商行的 LOGO 设计也充满特色。
2. 从一楼向上方天井望去的风景。
3. 墙上的手绘插画。

装修重点 Emphasis × **8**

☕ 这是中式老店吗？

虎记商行匾额有大将之风

虎记商行门面并没有夸张的设计，但是漂亮的蓝绿色与红色带来的对比感，将复古门窗与户外老旧桌椅衬托得别具风味，为店内尚未展示的艺廊般的精彩做了完美的开场。作为重要招牌的虎记商行匾额，除了本身的设计醒目外，更因为楼层挑高的关系，给人一种气势十足的感觉，庄严却不失风雅。

装修前的大门不花哨却很经典，营造出优雅、古老的氛围，恰巧就是老板心目中想要的风格，于是便留下了大门。老板用了一些有年代感或相同氛围的贴纸、海报装点它，让客人从门口走入即可感受到古朴的氛围。大门是以整扇两进式的旧式大门改装成的大片门面，并保留部分的老玻璃与把手，再进行二次加工做成的。老板为了镶嵌老门，花费了很多心思与金钱，比做新的大门更费工、更慎重！一旁入口迎接客人的地方稍微向内缩，扩大了空间感。

4. 独特风味的老门、高悬的匾额营造高挑感。

5. 在老物品上加上创意，就是不一样的全新风格。

6. 自动关门的机关是老板的创意。而机关设计采用古代的传统做法，运用门的重量来自动关门，避免门开了却不会自动密合的问题。

7. 吧台设置在入口处，一开门便感受到咖啡热腾腾的温暖。

☕ 灯具、壁画构筑店内华丽奇幻风格

小空间艺廊般的磅礴气势

相比于其他咖啡馆较保守的单一风格，一进入虎记商行，顾客在注意到店内陈设、桌椅设置之前，就已经被充满创造力的彩绘墙面与造型多变的灯具所吸引。艺廊般的视觉盛宴让人忘记这是一间仅有30多平方米的迷你咖啡馆。

店内墙面遍布的彩绘，在用色与构图上大胆且特别，是店内魔幻氛围的一大功臣。若非有一定的艺术表现，其实大量的墙面彩绘是冒险之举，而虎记商行的彩绘与老旧空间及家具完美融合，独具特色。墙面主要的图腾曼陀罗，是与老板有十多年友情的老友根据其当时的心理状态而量身创作的意象，代表了老板开店的决心，透过画作记录当时的这个片段，不但很符合心境，也与整个空间融为一体。

1. 墙面彩绘的原料为亚克力与油漆。
2. 有一部分吧台直接延伸至室外。
3. 挑高的天井设计，增加了小空间的气势。
4. 特殊的曼陀罗壁画。
5. 从二楼看去一楼的楼梯间。

精彩的别致灯具

每款都不同的灯具秀

店内的灯具同样是才华横溢的曼陀罗创作者亲手制作，本来是在某年的元宵节时带来店里展示的，没想到竟然跟店内装修十分搭配，久了也就没卸下，与墙面同风格的作品交相辉映。

老板选择看似相近但又不同的灯具去搭配。虽然不同桌的灯具都不同，但灯光氛围却一样，采用暖色系的昏黄灯光，带给人温暖舒适的感受。吧台工作区的灯光特别明亮，因为老板要确保工作不出乱子。其实每个座位上的灯光也都经过设计，不是太亮却有一定的氛围，混搭不同的灯光也有很棒的效果。

6. 每款灯饰都不相同，营造出细腻灯光。
7. 坐落于天井的灯具。
8. 洗手间饰以虎记商行纸袋包裹的独特造型灯具。

☕ 颇具工业风的特色吧台

凝聚时光的沉稳内敛

位于入口处颇有工业风格的吧台设计，以厚实的木头作为桌面，下面垫上堆叠整齐的空心砖，让摆放各式餐点的橱窗完美地镶嵌在其中。而吧台的灯光透过空心砖间的缝隙透到前台，营造不论何时都能感受到的优雅宁静的效果，使走到柜台点餐也成为一种享受，每位客人都能细细品味个中感受。

吧台设计成一个斜面对外，让站在吧台的服务人员与客人刚好可以看见罗斯福路的十字路口，视野开阔了，心情也会比较好，不会因为久站而感到不耐烦，同时遇到认识的人也可以打招呼请他进店一起享受咖啡。而外面等红绿灯的行人也容易看到吧台内的人，或被店里装修所吸引，走进来凑个热闹，因此吧台这个角落很受客人欢迎。

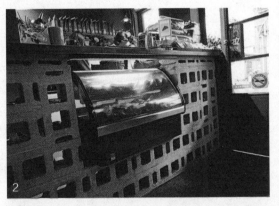

1. 吧台上方黑板上的涂鸦，是老板亲手绘制的，呼应店内墙上鲜艳的彩绘。
2. 特色空心砖微微透出光亮，在虚实之间营造有趣光影。
3. 斜面对外的风景。采用空气窗的设计，以免冷气外漏。

☕ 桌椅的精心配置

客人来店的心情好，自然来客量就不会减少

虎记商行空间不大，想要维持一定的来客量，势必得多花点心思。即使空间小，也要兼顾客人舒适的享受，比如填补天井后虽然可以容纳更多人，但会失去宽敞感，因此作罢。另外，虎记商行选择的椅子特别大，在喝咖啡的时候不会因为小空间而觉得不舒服。

老板在安排座位时，也特别留心到各桌的视线要错开而不相对。"同桌朋友在聊天时视线相对没关系，但是与其他桌撞到视线就会有些尴尬，所以不能让客人四目对望却无话可说。"老板贴心的设计安排，让每个客人来到虎记都可享有很棒的谈心环境。

进到店里或许会发现走道不太宽敞，那是因为要让坐着的客人可以坐得舒服，不因空间太小影响到喝咖啡的心情，可尽情地聊天。

4. 桌面选用南方松木，并涂上金质保护漆，看起来更有质感，细细亮亮的感觉很有味道。
5. 皇后椅的高背设计，提供了如同包厢的半隔绝效果。除了靠垫外，还设置了头枕。
6. 二楼天井。

☕ 独特的挑高天井造型
是采光主力也独具风格

当初在设计采光的时候，门面运用透明玻璃把光线引进来，却没想到因为光线角度的关系，内部采光并没有增加，所以另外设计了连接到二楼的天井，让自然光透过天井从二楼的窗户洒进来，直达一楼的用餐空间。当天井的阳光打在墙面的画作上，随着光的变化呈现不同的视觉效果，整个空间不再单调，也带来些许灵动的色彩。

老板将二楼的部分空间规划为天井后，亲自用电锯卸下二楼的木地板，通过型钢立柱和适合的木材，将漂亮的二楼吧台架起来，形成既是走道也可倚靠的站立空间。

☕ 稳重元素与跳色的交织平衡
另类混搭效果

塑料与极具塑料感的东西在此几乎销匿，而以木材、铁、布料与玻璃等元素营造有质感的风格。"旧的东西有它的美感，原先留下的家具品质刚好也不错，改装后能成为店里不错的摆饰。"老板说。其他旧物也不是特别去古董店里寻找的，都是在因缘际会下通过身边的人找到的，最神奇的是，老板说需要的时候就不知不觉地与那些物件相遇了。

使用以上这些物品，呈现出来的视觉效果较为稳重厚实，给人很安心的感觉，像是咖啡色、墨绿色的搭配，也有其他角落选用较鲜艳的颜色，像是红、蓝与黄色等，做出视觉上的反差，配合灯光，在一片低调中不失活泼，形成对比。

☕ 施工执行细节
木头怕湿，首先解决漏雨问题

天花板几乎重新整理过一次，新建的管线都走边沿，整理过的天花板才不易让管线破坏视觉效果。视线往下，地板水泥几乎全部重铺过一轮，也特别注意水泥的纹理，不能抹得太细，否则在多雨的台北容易滑倒，刷上条纹就可避免危险。而吧台底部须做让水流走的设计，以免积水影响食物安全。

刮风下雨，是老板最怕的天气，因为店里有许多木材装修，因此老板十分注意漏雨问题。还有白蚁的问题，水气多时木头里容易被白蚁筑巢，为保障木头安全，老板在木头上用药，情况明显改善许多。

1.一般咖啡馆少见的天井。
2.墙上曼陀罗是依据老板个人风格而创作。
3.一楼通往二楼的楼梯间。
4.旧物的摆置别有风味，此为洗手间。
5.老旧桌子的细致缒边。

灯光＋动线

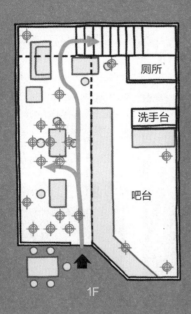

1F

一楼笔直动线＋二楼围绕天井

　　向上与向下的楼梯分别错开，让动线更为清楚，一楼位置安排在天井下方，并将二楼座位围绕着天井布置，给客人不一样的视觉体验。

天井引入主要光源

　　虎记商行中间坐落着很大面积的天井，将二楼的自然光线引到一楼座位区，让客人在用餐时可以享受好的氛围。除了主灯灯饰吸引视线外，只有工作区的灯光较明亮，其余每张桌子安排不同的桌灯搭配，呈现暖色系的昏黄灯光效果，带给人温暖的感受。

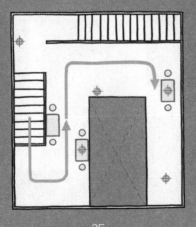

2F

空间区域 示意图
Space Schematic Diagram

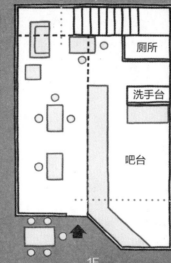

厕所

洗手台

吧台

1F

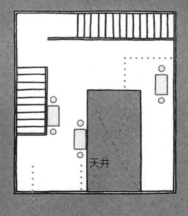

天井

2F

要点 1

不提供网络

　　老板有自己的经营想法，希望客人来到这里可以专心地跟朋友聊天或休息，因此不提供无线网络，让自己能在忙碌的生活中留得一丝喘息的机会。通常来的客人聊完天或谈完事就会离开，翻桌率高，让来的客人都有机会享用好位置，也是另一种贴心服务。

要点 2

严选拉丁风情的音乐

　　因为豆子多从中南美洲进口，店里音乐多选择拉丁风格，这也是老板从小听到大的音乐，重要的是音乐也是装修的一部分，氛围不只有硬件设备可以营造，不一样的音乐会给人截然不同的感觉。因此这家店坚持每日播放的每首歌都经过精挑细选，即使客人不会真的认真听，但那就是整间店的不可或缺的一部分，下次再来到这间店，脑海里浮现的整体画面，音乐也会在其中，内化成印象。服务生也不能随便依照心情播放音乐，得经过老板同意，才能在店里播放。

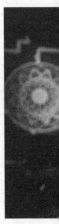

要点 3

店猫

在店内喝咖啡时，老板的爱猫可能会从你脚边经过。随意穿行店内的个性猫咪，或坐或站，都掳获了不少人的关爱与目光，是爱猫人士流连忘返的原因之一。

要点 4

尝试全新的饮品风味

来到咖啡馆理所当然是想喝杯咖啡，但老板希望第一次来的客人先丢掉对咖啡的既定印象，将其想象成一种全新的饮料喝入口中，茶饮料也是如此。茶是台湾阿里山严选的好茶，以高品质的饮品打破以往的刻板印象。虎记商行使用的都是单品豆，容易理解店主对咖啡的喜好。

 复古混搭 **闻山**

🏠 台北市文山区景中街19号（景美店）
🕐 13:00～22:00，每月最后一个星期四休息。
▦ 饮品、轻食、场地租借

面 积：	约60平方米
店 龄：	30多年（1983年开始）
店员人数：	4～5名（不含实习生）
装修花费：	15万～17万元（翻修费用）
设 计 师：	墨荟设计 周美铃设计师

Plan
5天工期，老店焕发生机

闻山咖啡现址已经有 30 多年历史了，为了给客人提供更好的空间环境，势必要处理建筑老旧漏水、骑楼高低差容易滑倒、木作吧台老朽等安全、卫生问题，并改善门面装修。因此邀请对古建装修颇有经验的墨荟设计的周美铃设计师，以门面、吧台为主进行改装，并做整体的复旧维持，希望可以做局部改变并贴近原装修，让新旧完美融合，店内氛围一致。

周美铃设计师以本店原貌的电影场景与女性知性美特质为启发点，希望尽量留存当地文化的记忆，维持老店氛围。除了精准掌握新旧物件之间的融合感外，色调感觉也不能过度陈旧，并展现高贵且宁静的专属感，维持空间感染力。

受限于不间断提供咖啡豆的现况，只能压缩现场的施工期限，设计师需在 5 天时间内尽快完成，除了将前置作业尽量在店外完成外，也借由门面与灯光的调整改善了先前室内偏暗、客户止步不前的问题，就日后增加的来客数与原有客群的改造评价而言，实属一次成功的改造！

Progress
咖啡传奇，历久不衰

1983 年由陆弈静小姐创始的"闻山烘焙"，在咖啡界传香多年，堪称传奇，辗转至今已是第三任经营者，咖啡生意却始终没有偏废。如同使命一般，每一任的老板都是以自家烘焙为主，并且需要熟练的经营团队，才能接下进生豆、烘焙、店面销售、咖啡豆供应等重担，也因此，此店的咖啡香 30 多年来从未间断，而目前的经营团队念及初衷，把想要为客户烘焙好咖啡的想法保留下来，也留下了"闻山咖啡"的名字。

1.真正的"老味"，而非营造出的"复古"。
2.闻山咖啡的经营者之一。

1. 从大门进来左手边的实木招牌。
2. 最后面的烘焙工作室，以玻璃作为与座位区的间隔。
3. 以装米容器的概念收纳咖啡豆。

从门面就展开的复古期待

用浅绿色和暖黄灯光吸引你

上漆后又刻意磨旧的浅绿色斑驳门框，搭配上能一眼览尽店内暖黄色光源的大片清玻璃，让闻山咖啡在街道上特别显眼，经过的人都很难无视它的复古韵味，会忍不住朝店内多望两眼。而一旁写在实木上的"闻山烘焙"四个大字，更是画龙点睛地"镇"住了整个店面，散发的历史与文艺感不言而喻。

不同于一般店面大门的平整，周美铃设计师顺应地形，增加玻璃面与转角设计，做了这个内凹的大门，大大提高了入口的空间感与趣味性。而右侧门口橱窗与左侧座位区的设计，不仅往内观看时显得美观，还营造出在户外喝咖啡的意象。

而大门上与店面比例相比之下过大的厚实把手，是周美铃设计师从五金店找来的压箱货，使小门在大把手的衬托下显得大气。另外，购买时因为这组把手年代久远只剩单边，只好找不同造型的门把做另一边的搭配，反而显得更有创意、更活泼，是设计师意外的收获。

4

4. 设计宽敞的店面与窗
　边座位，吸引更多人
　进来了解闻山咖啡。
5. 店外厚实的大把手。
6. 店内另一侧的把手。

5

6

☕ 复古风吧台里的现代灵魂
充满迷人魔力的旧空间

进入被复古壁纸包围的店内，整个 60 平方米的长形空间可以一眼望穿。空间可简单区分为前段吧台及商品销售区、中段座位区及后段烘豆区。

店内左侧的特色吧台区，是一般吧台中少见的沉稳蓝色木作并配以间接灯光，为此作业区营造出亮眼并与整个复古空间融合的视觉效果。吧台台面上显眼的圆筒复古咖啡机非常少见，与依高低层次摆放的玻璃杯皿一起增添了店内摆饰的丰富度。

设计师表示，对于吧台一开始思考过使用砖砌做法，但是考虑到店内空间不大，砖又占空间，所以改装成现在看到的木作吧台。为了增加机器的摆放空间并保持工作动线的流畅，吧台设计加长，内部使用现代的不锈钢槽及台面，耐用且好清洗。装修前的吧台木板，在小心拆卸、解体后，用螺钉及钉子重组，置于吧台内侧墙面作为纪念，保留了几分旧物的美感。

1. 一进门，蓝色的木作吧台是视觉焦点，
   与怀旧氛围相融。
2. 复古花纹的天花板壁纸、墙面壁纸及陶
   砖地板，都是开店至今从未改变的风格。

1

2

3

4

1. 吧台作业区与客人的桌区刻意营造高低差。
2. 19 世纪来自意大利的 Elektra 古董级咖啡机，堪称咖啡机中的劳斯莱斯，气势十足。
3. 现为壁面装饰的旧吧台木板。
4. 最后方的烘豆区。
5. 全店不论灯光、家具与天地壁材质、装饰等气氛都一致。
6. 在怀旧气氛的堆叠中静心，客人可以一坐就一整个下午。
7. 大量留白的相框，更为旧照片增添意味。

☕ 无法复制的时间魅力
需小心谨慎的复旧工程

"其实很有维护古迹的感觉。"老板说，当初改装时的确想呈现崭新面貌，但不少客户为旧貌"请命"，使得现在举目所见的墙面旧壁纸、色彩浓重的天花板、地砖、旧有的展示柜及层架等，都是继承创店之始的风貌，经由整理后继续使用。相比于有些新咖啡馆的复古设计，闻山咖啡的古味是真正靠时间累积出来的。

周美铃设计师表示，复旧的施工过程中务必小心谨慎，不能粗心大意造成二次伤害，通过仔细评估想要保留的东西的安全性，进行加固，例如壁纸涂上环保胶（水溶性树脂）而非强力胶，当初的壁架也要加强固定以免年久失修掉落伤人，这样才能在安全的前提下维护老店的特殊风格。

1. 复古壁面花纹。
2. 旧时的红陶砖。
3. 令人目不暇接的商品区。

☕ 翻桌率为其次，舒适最重要
沿用旧式实木大尺寸桌椅

闻山咖啡的主要收入其实是咖啡豆销售，而非店内的咖啡饮品生意。老板表示，店内的座位陈设其实是以提供服务为出发点，从一开始就没有考虑翻桌率。桌椅的设置上，自然也是以为消费者提供舒适的环境作为优先考虑，就算客人拿着电脑来坐上一下午，闻山咖啡也很欢迎。

鉴于以前的用料扎实与精致做工，闻山咖啡绝大多数沿用旧有桌椅，经补救整理后保持原有的风貌，继续使用比时下咖啡馆尺寸更大的桌椅。一开始规划时，并没有增加座位的打算，但后来由于座位数实在太少，周美铃设计师才选择添加门边座位区与吧台单椅区。

特别的是，吧台座位区的桌面不与工作区同高，采用一般靠背椅高度的原因是希望即使坐在吧台区，客户一样可以保有私密，不会与工作人员有过度频繁的视觉接触而受其打扰。虽然这几个位置的设置压缩了工作人员的工作空间，以及后方展示销售区的走道空间，但还是满足了更多人在闻山喝咖啡的愿望。

4. 比其他咖啡馆大一号并且更加厚实的桌子。
5. 桌面摆设的桌灯是漂亮的彩绘灯。

灯光＋动线

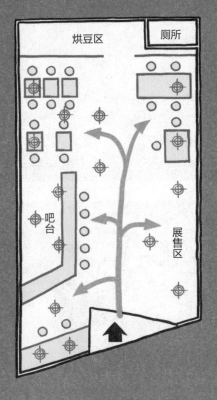

烘豆区

厕所

吧台

展售区

易懂的笔直动线

空间区分为前段吧台区及商品销售区、中段现场品茗区及后段烘豆区，自门口进入后于前段吧台点餐，入内经过中段品茗区选择位置坐下，动线单纯，即使是初次光临也能一望即知。

主要依座位区设置灯光

以前的老房子没有天花板，于是设计师效仿英国旧式木作图书馆的做法使用台灯。以保留客人原本使用的照明为主，闻山咖啡延续使用英国古董式的台灯，这样对气氛营造最没有干扰性，如果改成一般坊间流行的全面照明，空间原本的安静感就会被破坏。

吧台区的上方吊灯，是由周美铃设计师自宜兰专卖旧货处特地找来的奶油灯，本是新竹玻璃文化极盛时期作为外销的款式，现在则成为压箱宝。海报展品等重点投射，以LED 灯为主，尽量减少其过度科技性的存在感，以求融入整体氛围。

空间区域

示意图
Space Schematic Diagram

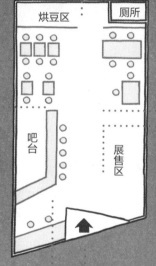

烘豆区　厕所

吧台　展售区

要点 1 闻山咖啡自创商品

　　明信片、日历、包装礼盒、纸袋……与绘者合作开发的闻山专属商品，为本店建立起品牌概念并使之形象化，将闻山咖啡的意象从店内延伸到店外，深入人们的家中，让闻山产品使用范围更广。

要点 2 咖啡相关教学课程

　　闻山咖啡本身除了卖咖啡、开发各类自创商品外，还为消费者开设了咖啡课程，引领对咖啡充满好奇的人进入咖啡的专业世界。

要点 3

种类最多、最新鲜的咖啡豆销售

自家烘焙的咖啡馆不少，但能一口气提供 20 种以上的新鲜烘焙豆的霸气并非人人可及。每次仅提供邻近散客 1 ~ 2 天的豆量，在种类与品质的表现上皆属上乘。另外还销售琳琅满目的咖啡器具，它们一起被陈列在一进大门右侧醒目的开放层架上。

要点 4

连锁经营，专业分工

经过这几年的努力，闻山咖啡开枝散叶成立分店，除了原址的景美店外，还有永春有猫店及台湾大学店，景美店为各家提供咖啡豆，永春有猫店提供各种蛋糕、甜点制作，台湾大学店由于面积最大，可储存生咖啡豆。三家店虽然都是怀旧氛围，但设计细节不同，皆有可观性。

照片提供：闻山咖啡台大店

NOTHING FANCY, JUST GREAT KOFFEE

1

Kuantum Kafe
复古混搭 CAFE

🏠 台北市大安区复兴南路二段333号
🕐 周日至周四15:00～00:00
　　周五至周六15:00～01:00，周二休息
▦ 饮品、轻食、衣服销售、场地租借

面　　积：约40平方米
店　　龄：1年
店员人数：1名（不含实习生）
装修花费：约31.5万元（含部分定制家具，不含设备）
设 计 师：老板

2

装修规划

Plan
结合服饰与咖啡的独特复古工业风

虽然 Kuantum 原址的前身也是咖啡厅，但老板依旧选择归零重做，设定为英式复古工业风格的优雅与粗犷，带入大量的古董、铁锈、木质、玻璃等元素，同时在复古的过程中保有一定比例装修前的原貌——时光催熟的痕迹，并纳入自己的品牌服饰，使之成为空间设计的一部分。在纽约 PARSONS 设计学院就读服装设计系的老板，一开始就打算让咖啡与衣饰结合。

将所有宣传、LOGO 设计一肩挑的老板，以黄、黑、白色作为招牌的主色，希望借由黄色搭配黑、白色的经典色，让人感受力量、热情与创意，进而塑造出自己的风格，成为客人记忆的亮点，也是邀人更靠近一步的敲门砖。

营运历程

Progress
自创英文单词成为店名

什么是 Kuantum ？说起店名的由来，竟跟物理有些关联：量子系指一个不可分割的基本个体，是最小的单位，用以组成宇宙的全部，这个来自拉丁语的词汇——"Quantum"，关老板以她姓氏的"K"取代"Q"，得到了"Kuantum"，这既是店名也是品牌的名字，字母结合无间。

老板说，找了半年才找到的地点，恰巧遇到店面出租才得以圆梦，店面靠近地铁科技大楼站，邻近两所大学，还有不少上班族，人潮鼎盛。也因为靠近学校的关系，有不少来客人是学中文或是教英文的外国人，更让与国际流行同步的 Kuantum 如鱼得水，成为不少留学生的"信息情报站"！

1. 对外一侧的墙面，做成整面迎光的透明玻璃形式。
2. 充满设计感的代表字母"K"字招牌。
3. 年轻且有艺术天分的老板。
4. 店内椅子造型各异。

☕ 美式餐厅系沉稳底色与明亮招牌

"这里是咖啡馆吗？"

在人来人往的复兴南路二段，Kuantum 店面的沉稳用色使其相对低调，但是亮白与亮黄用色的招牌又很难让人忽略它的存在。在将店名改为"K"开头之余，更将一般惯用的 Cafe 也改为"K"开头来做统一，让本店给人的第一印象充满趣味与好奇感。宽度不大的店面完全用透明玻璃表现，使来往或站在店外的人能够清楚看见店内的陈设与装修，无形间拉近了彼此的距离。

等候区的木椅与印着店内招牌产品的大型海报，让人感受到老板对店外陈设的用心，并且海报也有宣传与吸引来客的功用。

1、5. 门口等候区座位看似斑驳，实则延伸
了店内的复古氛围。
2. 玻璃窗框是以木框与铁框结合后再镶嵌
的玻璃。
3. 大型木梭制成的门把，是串联服饰与咖
啡的重要意象。
4. 从彰显美式风格的门口向里望。

1. 自然氧化的铁件与木作气质契合。
2. 厚实的吧台配上后方错落有致的柜体，让整个吧台区丰富、热闹起来。
3. 入口右侧的整面墙做成黑板墙，将店内的所有咖啡单品以英文书写上去。

☕ 实木厚实吧台的温暖与分量感

走进英国老咖啡馆的错觉

若非提醒自己身处台湾，一进门吧台所营造出的浑厚质感，让人惊喜之余顿时感觉置身欧洲。在略显昏黄灯光的映照下，原木吧台的沉稳木色更充满风味。吧台上的黑胶唱片、音响、杯盘等用品，与吧台后方木柜中的收纳物，都在自然而然中成为摆设的一部分，堆叠出专属咖啡馆的温馨生活感，或许这也是小店的独特优势之一，容易让人感觉这里不是店，而是另一个延伸的生活场所。

靠近吧台后发现，木头吧台上也运用了许多铁元素，打上铆钉更显坚固与利落，并散发出工业质感。铁件部分刻意在施工时不上保护漆以降低明度，为营造自然氧化的陈旧感，老板在完工后还刻意每天向铁件喷洒水雾，希望可以加速氧化，不过后来发现台湾的湿度已经够高了，即使省下这道工序，氧化的速度也令老板非常满意。

☕ 长形小店的座位分布

欢迎光临古董高脚椅"博物馆"

因整面玻璃的通透，白天靠外侧的前段座位很明亮，尤其是最外侧落地窗前的 3 个座位，营造出小店中难得的明亮开阔感。因长形基地的关系，里侧座位简单分为吧台区一排座位、靠墙区一排座位，店内虽然只有 49 平方米，但总共可坐 26 个人，妥善运用了空间的分配。为保持走道宽敞，吧台旁桌面设定为 30 厘米，每个座位的宽度刚好容纳一部笔记本电脑与一杯饮料，但不提供插座，希望打造成可以专心聊天、喝咖啡的场所。

另外值得一提的是，全店的椅子几乎都是古董高脚椅，也成为本店的特色之一。一般来说，只有吧台区会使用高脚椅，而本店的高脚椅都是老板从各古董店搜集而来的，造型、材质各异，陈设在店内像是艺术品般呈现出不规则的美感。就连靠墙那排木头沙发也是高脚椅型的板凳，下方有脚踏处可踩靠，并参考人体工程学选取适合的弧度，用一条条木头整排拼接，要求每一根木头都要等宽，以追求美观与弧度的表现，并上保护漆以避免频繁使用过度磨损。

1. Kuantum 靠墙的一侧。
2. 在墙面上钉整排的头靠垫，头靠
   垫上方则以墙上打钉的方式吊挂
   可销售的画作。
3. 吧台区座位。
4、5. 材质各异的古董高脚椅。
6. 连英国都少见的高脚椅型板凳，
   坐起来很舒服。

☕ 是咖啡馆也是服饰店
在服饰店喝咖啡的优雅感

拥有与咖啡厅同名的自创品牌"Kuantum"，在店里举目望见的作品绝大部分是老板的，或是老板从欧洲、韩国亲自带回来的特色服饰，服饰的类型跟店内空间一样充满个性，让本店多了时尚的气息，是和其他咖啡馆很不相同的特色。陈列的服饰既能成为空间的装饰，也是可销售的独家商品，另外除了实体店面的销售外，现在也进行网络销售。

本来想安排吧台区旁的工作区块作为个人工作室，但目前则是服装展示区与表演舞台的综合应用，主要的服饰区目前位于吧台里侧的位置。

☕ 灯光的舞台秀

不同时段的不同亮灯技巧

由于店面只有单面采光，即使是白天室内灯光亦会全部点亮，川流的人群可以从落地窗看进店里，入夜后悬挂在门口中央的古董灯则亮起，走道灯熄灭，再打开桌上的小型灯具，让环境偏暗且私密。老板笑说有些咖啡馆就是以明亮的灯光吸引人流，但 Kuantum 的冷调复古则往往让初访者在落地窗外不断探头观望。

在灯光规划方面，老板将其区分为走道灯、吧台灯、座位灯与点缀灯。由于古董灯具买来时没有灯泡，老板就买各式不同的灯泡试着调出自己想要的颜色。最后多是选黄色的钨丝灯泡，应用于走道灯、座位灯与点缀灯具。投射灯就选择白光，打在商品、工作区等做重点强调，以轨道方式随时变动的商品陈设，如需增加灯源也很方便。

1. 人形立台，带着转淡的咖啡香撑起新一季的服饰。
2. 特别定制的衣架。
3. 展示区的服饰。
4. 高悬在门口的古董灯，天黑了就亮起。
5. 刻意刷旧的墙面。
6. 管线一并刷黑后，和天花板融为一体。

☕ 用心打造的硬件古味

认真破坏造就斑驳墙面

店内复古氛围的成功营造，各式复古物件以及各种光源的映照是"大功臣"，在空间装修上，天花板、墙面、地板等硬件细节都经过用心安排设计，以低调不抢眼的方式缓慢讲述着老故事。

老板选择不做天花板，而是将管线整理有序后一并刷黑，表现裸露的美感，同时也维持空间高度，他认为梁柱本来就是空间的一部分，不需要刻意包覆。高脚椅座位区墙面本来请了技师作画，但不尽满意，老板和施工队索性以电动磨砂机自作，用力且认真破坏后才变成现在略显斑驳的模样，老板也对极具复古感的成果相当满意。

服饰展示区的墙面，保留了一面当初拆除旧装修后的砖墙，仅以浅灰色油漆简单刷过，粗糙清晰可见，与另一面水泥墙共同构成服饰商品的背景。

1. 洗手间大门上大大的 Kuantum 代表字母"K"。
2. 刻意保留的砖墙。

木地板下的惊喜

"像是拆开包装获得礼物一样惊喜！"本来想将前身的木地板全数拆除后做个水泥地板，没想到显露出的屋子的老地板保存状况非常好，有起码 30 年岁月自然酝酿的美感，不只老板赞叹，来访的客人也忍不住询问、赞赏。

连接吧台区的架高木地板，原是老板留下来预计作为服装设计的工作区域，是设计能量最丰沛的区域，老板细心挑选来自意大利、西班牙不同纹理的瓷砖与架高木地板拼接出自己想要的花样。一开始先在电脑上试拼，现场工人施工时再略做微调，终于做出自己喜欢的感觉，低调而华丽，美不胜收。

3. 保存状况甚好的老地板是热爱复古风的老板可遇不可求的宝物！
4. 美丽的拼接陶砖地板。

灯光＋动线 示意图
Light & Line Schematic Diagram

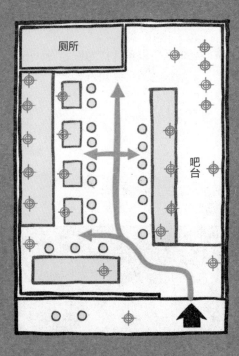

长形空间最佳配置

　　一进大门的全室动线是直线到底，窗边与动线两侧皆为座位。在座位数不少的情况下，直线的走动动线仍然相当顺畅，外带的客户一进门即可参阅右手边的菜单墙点餐，需要内用的客户则依视觉动线考量吧台区座位，左侧高脚椅区座位在靠窗区域。

不同效果的灯光渐层

　　店内的复古灯具造型本身就相当精彩且具有艺术性，位置的安排上，也是随着桌子走，小桌上方皆独立搭配一盏灯，长桌的话平均分配两三盏，点餐区、吧台、服饰区或展示区则另外配置灯光。

空间区域

示意图
Space Schematic Diagram

厕所

吧台

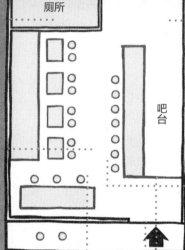

要点 1

欢迎用英语交流的英文读书会

由于店中外国客人不少，加之想练习英文沟通能力却没有途径的台湾朋友不在少数，老板便提供场地与机会让大家来喝咖啡，顺便用英文聊天。目前每周一晚举办英文读书会，每次聚会时间约有两个小时，只要有心不分国籍，都能在咖啡香中打成一片！老板表示，最近正在筹备中文读书会，让外国朋友也能过来练习用中文谈天说地。

要点 2

不插电也倍儿棒的现场表演

延伸老板的生活体验，加上自身才华的随性展现，Kuantum 与其说是文艺展示的空间，不妨说是有缘相聚一堂时的"引吭高歌"。由多才多艺的老板唱歌，keyboard、吉他伴奏，让双周五晚上的不插电现场表演随老板的心情呈现

不同的表演风貌。无论是热闹或感性，都能配上店里的好咖啡，迎接即将来临的周末假期。

要点
3

全省第一家引进氮气咖啡

　　除了用三年以上的野生老蜂蜜调制的蜂蜜拿铁广受好评之外，Kuantum 还有台湾省创先河引进的"氮气咖啡"，让不少外国朋友闻香而来。这在美国和澳大利亚都非常流行的咖啡口味，因有绵密的气泡、带有啤酒的口感，吸引不少客人特地来尝鲜。

要点
4

手工甜点蛋糕

　　Kuantum 的招牌甜点是重生乳酪和重黑巧克力，浓郁、醇厚、无添加剂的美味，是许多回头客一来再来的原因之一。

ichijiku cafe & living

🏠 台北市永康街91-1号2楼
🕐 周一至周日13:30～21:00，周二休息
▦ 饮品、轻食、杂货销售

面　　积：50平方米
店　　龄：7个月
店员人数：1名（不含实习生）
装修花费：10万元左右，含家具、设备

2

装修规划

Plan
餐饮店变身为干净、利落、简单的咖啡馆

　　一方面由于预算有限，另一方面老板倾向不太热闹的地点，后来通过网络幸运地找到这里。原有空间氛围佳，不需变动太多，能有效节省预算。在二楼可看到永康街的人潮，再加上有一扇非常漂亮的窗户采光，因此拍板定案！此店的前身是餐饮店，在老板要求干净、简单的前提下，部分沿用了原有的装修设计，部分则依老板的想法重新规划制作。

　　这里的空间狭长却很明亮，有一种来到朋友家客厅的感觉，"有位住在美国亚利桑那州的朋友，说这里的感觉很像他的家。"或许是植栽的搭配与墙壁的触感，让他想起沙漠地区的故乡。但其实老板并没有预设偏向任何风格，有别于当下咖啡馆的工业风或华丽风貌，她要的只是干净、利落、简单，如同"起居室"的概念。

营运历程

Progress
让人一头雾水的可爱店名

　　什么是 ichijiku？不解的人可能一头雾水，其实是日文的"无花果"，也是老板从小养到大的绿绣眼的名字，如此可爱的名字成了店名，也是为了纪念长大后飞去无影踪的爱鸟。

　　老板从筹划开店到实际营运经过整整三年的时间，也不断自问"为何要开店"这个问题，得到唯有自己才能解释的答案——饮食！不只是咖啡，老板希望凭借一店之力，介绍更多安心的食材让大家认识。

　　来访的客群多在 25 ~ 45 岁之间，大部分是喜欢有质感咖啡馆的女性，也因为该店隐秘性强、环境清幽，宛如"秘密基地"一般，让许多喜欢一个人来的客人能放心地来喝杯自己的咖啡，不需等待任何人。

1. 从吧台朝靠窗处望去的风景。
2. 一楼楼梯口的低调招牌。
3. 白色与木色的清新搭配。
4. 窗外的大片绿意。

二楼的秘密基地

预算少且环境安静

不同于一般咖啡馆在一楼有着显眼的店面，ichijiku cafe & living 低调地坐落在巷弄内的二楼，仅在一楼楼梯口靠墙放着一块写着店名的木制招牌。

抬头望向二楼，ichijiku cafe & living 用白色窗框与大片透明玻璃，搭配下方设计感十足的横向松木条窗台，在一片普通住宅窗景中显得特别清新、有格调。在窗户上与窗台上吊挂或摆放的植物，也有画龙点睛的作用，虽然默默无语，但是散发的气质还是吸引了过路人的目光。

1. 位居二楼的 ichijiku cafe & living 并没有醒目的招牌，宛如秘密基地。
2. 沿着阶梯上二楼前，会先看到融合小鸟意象所设计的招牌其字体都带有小鸟灵动的感觉。

☕ 不规则基地让空间更有层次感
吧台的高度和宽度学问大

ichijiku cafe & living 店内为狭长形的凹字形基地，老板将入门左侧可见到锦安市场外墙的窗景，与右侧由瓷砖拼成的安静白色吧台，在视觉上做了巧妙平衡。在吧台点完餐，转过身就可以将所有座位尽览无余。由于座位区与吧台距离较远，习惯独处或是较注重隐私感的人在这个地方也可以很自在。

与空间其他墙面不同色的深蓝墙面是吧台的主背景，让此区在店内一片白色印象中跳出来变为主角，吧台外观规则的六角纹路低调中闪烁着珍珠白质感，亲肤的桌面为柚木刷纹质感，高度比一般吧台略低。

ichijiku cafe & living 现址前身也是餐饮店，老板为迁就原来的管线设计，将新吧台做在原来的位置，但因吧台太高，怕遮挡客人的视线，因此决定将吧台打掉重做。除了窗户是店内的舒适卖点外，老板希望吧台也能在所有访客心中占有一席之地，让客人可以悠闲地在座位上观赏手冲咖啡的完整过程，这也是 ichijiku cafe & living 的另一个主意象。"而且我们使用的是好东西，当然要很骄傲地秀出来！"老板对食材的自信，透过吧台高度一览无遗。

另外，老板一开始考虑过缩小吧台尺寸，让出更多空间使厕所门方便开合，但是考虑到吧台缩小的话看起来"不够分量"，也就维持原本的宽度不变。

3. 长形基地，吧台与大窗分居两头对望。

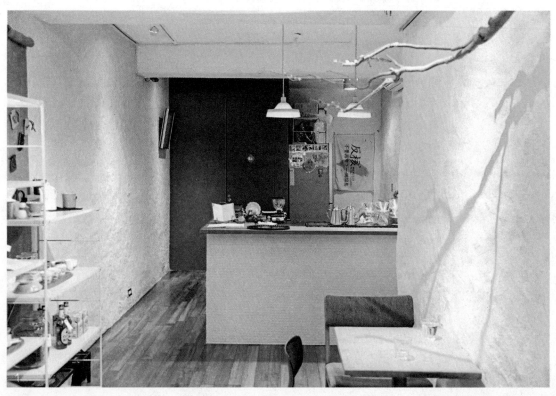

1. 偏低的吧台高度，除了能向顾客展示咖啡的制作过程，还让朋友乐
于亲近，常常靠近吧台与老板聊天。
2. 吧台台面加深的木质纹路与不上漆的木桌桌纹，在细微处留下撩动
人心的线索，让使用者感受原始的氛围与正常使用后遗留的痕迹。
3. 六角纹路吧台外观。
4. 窗外的绿意让空间更舒适，尽管只有 50 ~ 60 厘米的宽度，也能
让临窗的氛围完全不同。
5. 将菜单制作成一本有质感的笔记，提供的餐饮都是老板亲手书写
的，推荐单品之余，也能在菜单中感受到季节移动的痕迹。

☕ 沿用不平整墙面
油漆通通自己刷

天花板与墙面大量的白色，搭配木地板与大量的植物，一同构筑出店内的清新印象。ichijiku 的不平整墙面是先前餐饮店留下的，本来想要把墙壁弄平，但因为富有特色，于是在涂了米白色与灰色的油漆后沿用下来。

在两个月的施工期里，除了吧台区请了工人来制作，基本的油漆活儿都是老板亲力亲为。全室以白、灰、蓝、绿、木质等自然色系为主，为了使色彩的饱和度看起来高一点，灰色墙面至少用毛刷上色三次，蓝色墙面用滚轮加毛刷也足足刷了五回，DIY 经验值也因此快速累积起来。

上一个住户在墙面上遗留了许多钉孔，老板只能仔细用补土填补起来，由于都是自己操作，许多细节更能全面考虑，像书柜的颜色过于突兀，与明亮清爽的空间不符，老板想到的对策就是将书柜下方遮挡不用，并涂上黄色油漆来强调框架，用来中和过于沉重的原始色调，加工后效果绝佳。

2

3

4

1. 墙面的白色与桌椅的木色、植物的绿色构成一幅清新自然的画面。
2. 画龙点睛的小巧别致植物。
3. 小幅的画作不喧宾夺主，把主角还给纯白墙面。
4. 内嵌式的柜体为狭小的空间增添清爽感觉。

☕ 为降低店内音量，控制座位数

团体客拼桌，零星客分享大桌

为免除敲敲打打的烦琐工程，塑造设计风格的重担则由家具一肩挑起。前身餐饮店设置了27个座位，老板将其全数清掉。全店只安排了15个座位，遇到展览时期座位数还会再减少，只希望能保持宽敞感。本来中途曾试着将座位数扩充到20个，但发现狭长空间人太多时声音的回响会过大，破坏了老板执着的静雅氛围，因此作罢。

座位的设计因空间优势有所不同，窗台区明亮温暖，看书、聊天、晒太阳都很适合。靠近窗台的大桌子桌面足足有180厘米×78厘米，老板却只摆了五张椅子，但设计的背后有着深意："这张大桌子主要是接待零星散客拼桌的，目的在于'分享'，该区的椅子也比较大、比较宽，提供给乐于分享的客人更高的舒适度。"

1. 老板坚持的"分享"概念，店内的大桌不接待团体客。
2. 乍看是清一色的木色桌椅，其实暗藏了一些创意色彩。
3. 搭配窗台的老椅子，是以前台湾图书馆的常见款式。

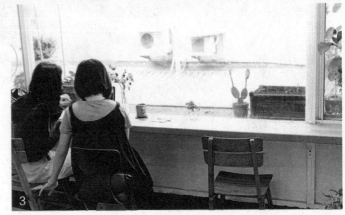

☕ 台湾桧木桌+北欧老椅子

既然预算有限，钱更要花在刀刃上

除了大桌的桌板是特别定做外，其他小桌的桌板都是用老板自己先前收购的台湾老桧木，经过抛光、倒角制作而成的，桌面不上保护漆、不上色，让使用者体会桧木天然的纹理与触感，自然遗留的水渍记载了使用的历程。全屋的桌脚都是从 IKEA 买来组装的，大桌桌脚胜在设计与质感，小桌桌脚底盘较重，兼顾美观与使用的稳定度。

老板酷爱设计利落的北欧老椅子，在贩卖欧洲老家具的店中买了不少温莎椅，有些需要特别修理，"我们成组成组地买，每一张椅子都亲自试坐过，确认它的稳固及舒适性。既然预算有限，钱更要花在刀刃上，新的原木家具超过了我们的预算，而我们也喜欢老家具被使用过的那分温馨感"。

两张宽大的藤编椅面，每张试坐的感觉都不太相同，放在大桌旁让散客可以选自己喜欢的椅子看书、用电脑，布面绿椅是两人小桌区的服务主力，这种椅子可以让聊天更放松。窗台边的台湾老椅是不少冰果室、图书馆常见的风景，与桌面颜色相称，让春光不仅佐茶，更与老木件携手走进老时光。

4. 位于吧台与墙边小角落的特等座。
5. 不上漆保护的桧木桌面，让使用者亲身感受台湾老桧木的触觉魅力。

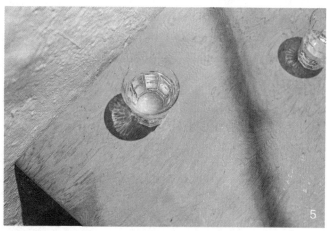

1.藤编椅带来自然手作的清新感，以及不全然相同的张弛舒适坐感。
2.线条利落、有设计感的单椅。

☕ 投射灯间接打法柔和全室光线

用色大胆的儿童灯具惊艳吧台

由于天花板不是很高，如果做直接照明，室内就容易产生压迫感，加上店内经常举办展览会的实际需求，整个空间主要以投射灯为主，但并非直接照射在特定物体上，而是以间接光的光线融合整个空间的光线。

桌面的照明除了台灯之外，投射灯的角度则由老板专门调整，避免灯光直接打在使用者头上，，在类似门口等不适合明亮投射灯的地方，则以台灯补足光源。吧台灯另外选用吊灯，为了与后面蓝色墙面呼应而选用绿色、蓝色灯具为主，整体空间以白、黄两种光色混合使用，暗的角落使用比较多的白色光源微调。等入夜后，窗边的两盏黄灯会成为重点光源，整体气氛也会比较温暖。

吧台的吊灯，老板一开始本想选择简约的北欧风格，但看到飞利浦儿童灯具后童心大起，"既然想要呈现家的感觉，不如就用自己喜欢的东西呈现"。

3. 儿童灯具除了照明，更让空间充满趣味。
4. 用德国无毒积木制成的小玩具。
5. 随处可见的小人儿，老板可以随心情调
   换位置哦！

灯光＋动线 示意图
Light & Line Schematic Diagram

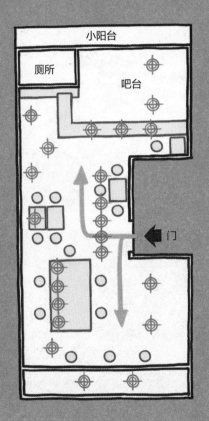

小阳台

厕所

吧台

门

长形不规则基地

在长形基地中笔直动线理所当然最节省空间，主要的工作区和座位区分别在头尾比较宽敞的位置，中间位置除了错落安排的零星座位之外，还留了最小1米的宽敞走道，让坐着的人与走动的人都同时能感受宽敞空间带来的舒适感。

大光源＋低调投射灯

灯光的配置沿着桌子与墙边走，在白天，外面的大窗带来主要的自然光源，店内与白色天花板融为一体的低调投射灯则增添了灯光层次；夜晚时，全店的投射灯源摇身一变成为营造气氛的主角，桌灯作为辅助光源。

空间区域

示意图
Space Schematic Diagram

小阳台

厕所

吧台

门

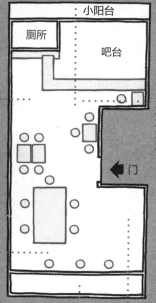

要点 1　不提供电话预约服务

　　因为店内多数时间只有老板一人服务，并且希望这个店的感觉是宁静美好的，因此老板决定不提供电话预约服务，平时多在网络上与大家沟通、分享，客人会以网络联系的方式确认休店时间，老板和客人共同维护最佳的现场环境。

要点 2　不接待四个人以上的团体

　　由于空间与人员有限，老板不接待四个人以上的团体，除非是包场，以免现点现做的出餐模式让其他客人久候。

要点 3　静谧空间的灵魂

　　相比起时下咖啡馆的爵士乐，ichijiku cafe & living 更喜欢具有台湾风情的悦耳乐声，老板喜欢台湾地区少数民族歌声里歌咏自然的空谷回声，或是日本小众的音乐。如果对这样的音乐感到陌生，不妨来到这里伴着咖啡香一起聆听，体会台湾多元的美丽……

要点 4　喜欢才推荐的杂货销售

与其说是销售，不如用"分享"这个词来得更为精准，展示架上有食材、生活器具、杂货，未来会提供更多样的农产品，全都是对品质极度挑剔的老板自己亲身使用、品尝后才推荐的好东西，让这些生活中更应在意的小细节获得正视，逐步提升生活的品位与身体的健康指数，才是分享的真正目的。除此之外，老板也提倡环保，尽量减少包装的浪费，如果自备容器来购买农产品，还会有额外的折扣。

要点 5　不定期举办讲座、展览

将回馈社会当作责任的老板，针对食品安全等议题都有讨论，也会邀请相关团体来进行分享讨论。高质感的展览会场是老板非常在意的重点，甚至为配合展览会会再减少座位数，突显 ichijiku cafe & living 单纯的空间样貌，提供展览者更大的想象场所。想要参与讲座与展览的朋友可以关注 ichijiku cafe & living 的社交网站以获得最新消息。

1

2

小清新
☕ CAFÉ

花疫室

🏠 台北市中正区和平西路一段81号
🕐 周二至周日11:00~22:00，周一休息
▦ 咖啡、花茶、轻食、花艺教室、干燥花或花朵销售及包装

面　　积：约43平方米（1F+2F+3F夹层）
店　　龄：6个月
店员人数：3名（含老板）
装修花费：12.8万元（不含部分定制家具，不含设备）
设 计 师：老板李济章及其设计师朋友

装修规划

Plan
花和植物才是主角

"花疫室顾名思义即花的瘟疫培养地，美好的疫情就此开始传播。"一进门即可感受到老板把这里叫作花疫室的原因。

当初朋友通知她来考察场地时，才一踏入就爱上了这个空间，即便当时的屋子状况并不是很好，但她仍承租了下来，因为门面挑高的楼层、台湾老建筑的水刷石楼梯，再搭配隐藏在二楼的阁楼，让她对这个空间有很多的想象。"尤其是人字形天花板，让我觉得有一种进入童话世界的感觉。"老板李济章说。

虽然老板非设计科班出身，但凭借着她在花艺店及咖啡馆打工的经验，培养出了敏锐的观察力，因此一承租后她便跟设计师朋友边画边改边施工。把一楼规划为吧台兼花店，二楼是喝茶聊天区，三楼是上课的教室兼办公室。

营运历程

Progress
花艺室变咖啡馆之无心插柳的奇幻旅程

从 20 岁在花艺店工作时，老板李济章就一直想着能开一家属于自己的花艺教室，弄个小吧台可以和朋友们一起聊天、吃东西、喝咖啡。甚至为此还到咖啡馆、家具店打工，观察别人的空间布置。

寻找地点之初，设计师朋友经过和平西路附近发现了这个店面，在实地观察后老板觉得十分符合她心目中的花艺空间，便签约承租来做花艺教室兼销售干燥花的店面，而咖啡及甜点只是用来招待学员及朋友上课时的零食和饮料，结果知道的人越来越多，最后饮食成为了这个空间的主角。

1. 花疫室全店以干燥花材为装饰主题。
2. 年轻却很有自己风格的花疫室老板李济章，也是有花艺执照的专业老师。
3. 多样的花材，繁盛迷人。
4. 不做招牌，老板只在玻璃门上贴了一张自己手写的"花疫室"牌子。
5. 小巧可爱的小束干燥花。

装修重点 Emphasis ×5

☕ 主题明确的咖啡馆
落地玻璃中的花园

咖啡馆坐落在和平西路一幢两层楼的老房子里，很难想象原本狭小的空间，可以被整理得如此优美舒适，从骑楼开始便吸引了过路人的目光：一整排的黄金葛从上垂直而下，搭配木制三脚架摆放两三盆绿色的多肉植物，以及悠闲随性的户外座位区，然后才是进入花疫室的大面玻璃拉门。

"光是这个铁件拉门就花了 1.3 万元。"老板李济章苦笑着说。改掉原本传统的大面玻璃落地门窗，制作这个四片黑铁嵌玻璃拉门，是为了进出动线可以更宽广一点，同时也是为了门面漂亮。刚开始客人似乎不知道要开哪一扇门，因此济章跟她的朋友只好在把手上画上箭头标示，省去了不少麻烦。

1. 宽度不大的门面，全透明玻璃是让视野得以开阔的首选。
2. 门口以四扇铁件玻璃拉门呈现空间质感。
3. 骑楼的整排黄金葛将杂乱街景与室内空间做了分隔。
4. 门口"招呼"客人来访的多肉绿色盆栽。
5. 一进门就可了解取名花疫室的缘由。

☕ 咖啡与花艺间不经意的化学反应
花是这个空间的主角

走进花疫室，马上会被左侧争艳的各式干燥花束、盆栽所折服，种类各异、造型独特且深具艺术性的干燥花设计，比起鲜花，更是多了一分内敛古朴的美感。尤其在无太多精致修饰的空间中，与陈列花艺用的简单复古的铁架、木桌互相搭配，更突显风味。

相对于展示区的争奇斗艳，另一侧L形小吧台，则以纯木色的简单设计位居空间中的次要角色。虽然吧台区占地不大，但是所有的饮品制作与餐点供应所需的设备一应俱全。

一楼空间主要以展示与作业区为主，无多余空间摆设座位，所有的座位区集中在二楼。

1. 一进门左手边为销售的干燥花束及小型盆栽，并且花疫室会帮忙包装哦。
2. 一进门右手边为吧台区。
3. 干燥花及小型绿色植物是这个空间的主角，如空气凤梨。
4. 整个空间保留原始建筑结构和动线。
5. 一楼吧台兼花卉销售区。
6. 各式各样精致又美丽的花卉创作，使人想带回家观赏。

☕ 约20平方米座位区空间＋风格大作战

简单硬件烘托，干燥花成为视线主角

实际面积只有 20 平方米的二楼，在空间的有效规划下，设置了 14 个座位，但身在其中却不会感觉拥挤，甚至还配置了沙发区，在如此狭小的空间中实为惊人。

虽然二楼纯粹是座位区，但在布置上一样延续了本店的干燥花特色，屋檐、墙面随处可见老板精心配置的吊挂干燥花束。比起一般商业空间最常见的薰衣草干燥花，这边的花种更丰富。光是走进这一大片赏心悦目的干燥花就已经让人怦然心动，更何况悠闲地坐下来喝咖啡、聊天呢。

跟一楼一样，二楼在视觉规划上，把主角让给了花，而空间的设计则尽量简单低调。除了方便吊挂花材的铁灰色钢架天花板、简单挂上朋友的手绘画与文句的灰色系墙面外，其余的地板和桌椅都是统一的木材质感。

这些老板收购或捡来的清一色木头桌椅，在视觉上统一了空间，让其更简单利落，并在无形中扩大了小空间，装饰的主角由干燥花担当。

1. 二楼空间。
2. 随处可见的干燥花才是咖啡馆的主角。
3. 二楼天花板及三楼地板用H形钢架构筑，也方便老板运用挂钩挂花晾晒。
4. 为了让空气对流，楼地板采取了退缩设计，由下往上望的空间，也是迷人的一景。
5. 三楼的人字形屋顶设计，唤起人们对童年的记忆。
6. 三楼花艺教室。
7. 对照一楼的水泥楼梯，二至三楼的轻钢架楼梯在视觉上显得更加轻盈。

☕ 方便晾花是所有设计的初衷

人字形天花板及洗石子突显老宅特色

"其实所有的设计想法都是从怎么晾花最方便来的。"李济章表示。因为一开始以花艺教室为主要规划方向，因此整个空间的设计主要为方便老板展示及挂置晾干花朵，于是可以窥见许多铁杆、铁件楼梯、挂钩等设计。将一楼的门改为铁件玻璃拉门、更换二楼及三楼的玻璃窗等，是为了让采光及通风更顺畅。

虽然才小小43平方米空间（一楼10平方米，二楼20平方米，三楼13平方米），在预算有限的情况下，保留原本建筑结构及洗石子楼梯，并在二楼挑高空间至三楼原本密闭式的阁楼改用H形钢材，以加强结构。同时楼地板从窗边往后退缩约50厘米，让二楼靠窗的天花能挑高至人字形屋顶，使三楼变成半开放空间，一来可以让室内采光更为明亮，同时更能加强室内对流通风，使自然花束在不靠太多人工风力吹拂下快速风干，呈现老板想要的干燥花的颜色及姿态。

☕ 用老木头及老物件强化空间氛围
镂空铁梯的开放感

"原本二楼通往三楼的垂直木头楼梯被我拆掉，改为镂空铁梯，木楼梯被我拿来当二楼的花架。"李济章解释说。因为喜欢台湾老家具，所以空间里除了吧台是特别定制的外，三楼花艺教室的桌子是从宜家购买的案角，搭配从木料行裁切的板材桌面，以方便移动或收纳，灵活运用空间。

其他的家具全都是由老板在二手家具或跳蚤市场搜集来的，每一件都有背景故事，深深地刻在老板的脑海里。像是二楼的铁制裁缝车脚椅，是她远从台中运送上来的老物件。而收在茶几下方的打字机则是她在逛福和桥下的跳蚤市场时，跟地摊老板搏感情搜购来的。还有一楼的老式收银机、厕所门口的桧木碗柜以及二楼的竹藤椅，都是从路边垃圾堆里"抢救"回来的。

1、2. 花疫室的每张椅子都是老板通过各种
　　　渠道搜集来的，没有相同的。

3. 这个 K Chair 的沙发是为了配合右下角的咖啡色格子单椅才买来搭成一组的。

4. 水瓶、水杯放置区也进行了精心布置。

5. 厕所没有改动，保留呈现复古风的白色瓷砖，唯有洗手台上的镜子被老板用绿色植物设计得更显特色。

6. 空间里吊满了花束，连轨道灯架也是如此。

7. 这是欧洲著名画家绘制的植物图鉴明信片，是老板花昂贵价钱买来的。

8. 保留原始水刷石的楼梯，突显老房子的味道。

9. 这就是原本二楼通往三楼的垂直木梯，现在被拿来做花卉的展示架。

灯光＋动线

示意图
Light & Line Schematic Diagram

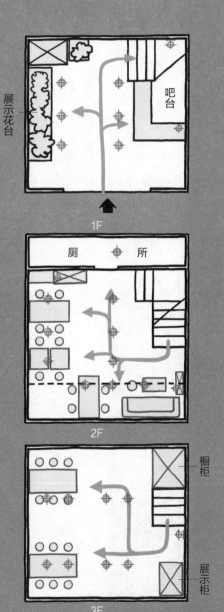

展示花台

吧台

1F

厕　　　所

2F

橱柜

展示柜

3F

极致空间的极致设置

小小 43 平方米空间分为三层楼，每层都很小，桌椅与收纳区都只能靠墙设置，中间空出的直线通道即为各层动线。

照明之余，照顾墙面表情

花疫室一到三楼的主灯原则上都以轨道灯为主。一、二楼轨道灯挂三个灯泡，其中两盏用来照明桌子跟走廊，剩下一盏则打向墙壁，以增加墙面与花材的表情；三楼轨道灯挂四个灯泡，其中两个打向墙壁。另外还零星设置了用来增加灯光层次与装饰性的壁灯和复古的桌灯等。

空间区域 示意图
Space Schematic Diagram

吧台

1F

厕　　所

2F

3F

要点
1

专业花艺课程交流吸引客人回流

"刚开始这里的客人有八成是来上课的学员介绍的。"李济章说。三楼空间便是花艺教室,除非学员,其他人不能上来。通过定期举办花艺课程,让学员在此交流,这里的老师连同老板都是有执照的专业花艺师,而且很有耐心。

要点
2

提供漂亮花环及花束让客人拍照

很多客人一坐定后,会主动走到墙边拿起花环或椅子上的干燥花束拍照,这也是室内的特色之一!原本只是用来装饰,却没想到大受欢迎,成为拍照的热门道具,形成无心插柳柳成荫的效果,于是李济章只好另外采购比较坚韧的塑质花环,搭配一些当季特色的干燥花束,提供给客人使用。

要点 3

年轻人的创意菜单

菜单上的"不一定果汁"，指的是当季的水果汁。"喝了就想睡"指的是洋甘菊，"70年代贵妇"指的是玫瑰花茶，"亚马孙河划船"指的是柠檬草迷迭香等，每个名字都体现了年轻人的创意。除此之外，李济章比较推荐拿铁，搭配香蕉黑糖奶酪或烤布蕾都是不错的选择。"我们还有隐藏版炒泡面，懂得的人才会点。"济章笑着说。

要点 4

通过与老物件接触带来亲切感

不像一般咖啡馆，虽然摆放很多老物品却不让人触摸或使用，在花疫室没有这项规矩，通过实质的近距离接触才能让人感受到台湾20世纪五六十年代浓浓的风土人情。

1

 小清新

玩味

🏠 台北市和平东路二段118巷38-1号
🕐 周一至周日08:00~21:00，无休息
▦ 饮品、轻食、场地租借、咖啡豆、器材销售

面　　积：50平方米
店　　龄：半年
店员人数：2名（不含实习生）
装修花费：8.5万元（不含设备、家具）
设 计 师：老板

2

装修规划

Plan
老板负责设计，施工队负责执行

本来想请设计师设计，但由于报价偏高只好放弃。老板决定自己规划吧台、展示柜及桌椅，画设计图给施工队，请施工队将旧的隔断拆掉重做，并遵照他们的施工经验，可以自己做的部分尽量自己动手做，就这样布置出自己心目中的工业风格，让梦想的咖啡馆渐渐呈现。

老板想要呈现20世纪50年代工业起飞的辉煌时代，从当初触动灵魂的一盏旧油灯、一台古董电扇开始，展开了他对旧物件的留恋与追寻。只是这类的收藏可遇不可求，很讲究缘分，趁着玩味咖啡开店，老板压箱底的宝贝也全数出笼作为镇店之宝。

营运历程

Progress
二十年磨一剑，遥想辉煌的工业时代

凭着对咖啡的热爱，即使在公司上班，老板晚上还是到咖啡馆兼职，这种情况持续了二十年直到半年前，老板才决定离职与朋友携手开一家属于自己的个性咖啡馆。由于店址是在一条单行道（oneway）上，而单行道的英文音译成中文后又符合咖啡值得"玩味"的本质，故以此命名。老板还补充道：其实创业这条路本身就是单行道，如同对梦想的执着，就是一路向前不回头！

老板找店址，就足足找了两年！不是巷弄偏僻没有人流就是租金太贵，老板担心租金压力太大，熬不过短则一年、长则两三年的磨合期。和平东路二段118巷是餐饮业的首选地带，加上附近有大学院校的学生群体，住办合一的生活圈也很适合发展餐饮，就决定在此落脚。

1. 大胆的黄色墙壁与黄色灯泡互相辉映，让店内温馨舒适。
2. 店内设计由老板一手规划，再请施工队执行。
3. 大门右侧的闲适一角。
4. 旧时潜水员的安全头盔，充满复古风情。

☕ 三角窗放大术

横纹木质与连绵窗景的视觉游戏

位居 118 巷中间位置，玩味咖啡醒目地伫立于巷弄转角，完全以木质包覆的外观配上灯光的照明，入夜之后温暖到舍不得移开视线。玻璃窗框上残雪的逗趣设计营造出异国感，而带着甜美乡村风的推拉白色木门与木窗，是老板因喜欢木窗而执意要完成的设计，搭配上三角窗的放大效果，很难想象这是一家仅有 50 平方米的迷你咖啡馆。

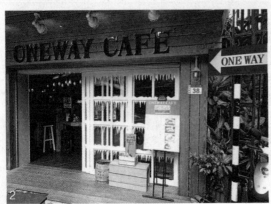

1. 木质包覆的外观，在 118 巷中自成天地。
2. 一旁加工过的路牌既是店名，也象征着美食的单行道。

☕ 木窗＋自然光源＋暖黄壁面

打造最暖工业风

进入店内，大片暖洋洋的黄色撞进眼帘，迷人的自然光透过大片玻璃窗洒进室内，让复古的收藏品进入宁静祥和的梦幻空间。斜角造型的点餐区刚好让一个人舒适有余地站着点餐。右侧墙面摆满写有各种咖啡豆介绍的储存罐，可供访客随时购买；左侧走道旁则设置了高脚椅吧台，高度让人坐着用餐也不会过度频繁地与工作人员的视线相对，是个能聊天但也能保障个人安静的位子。

店面为狭长形的基地，老板将空间一分为二，吧台工作区设于靠近门口的前段，方便提供外带服务，并在吧台旁设高脚桌椅以增加座位数。后段则是内用区，并在前段与后段之间保留一扇门以供使用，一方面是考虑到玻璃窗配上门整体感觉更为完整，另一方面若前段人多拥挤，吧台旁的走道变窄时，在后段区的客人可以从第二扇门进出，让动线更有弹性。

3. 由里面到门口的直线通道。
4. 以老板的备餐模式为准，诸多餐饮器材各自归位，吧台内宽度预留 75 厘米，可供两人侧身而过。

1. 斜角的点餐区，比圆角施工方便，同时也能控制预算。
2. 可正常使用的船笛与旧式电扇。
3. 最外侧的咖啡豆陈列区与景观布置。
4. 展示架本身也是区分里外两区的分界线。
5. 由老板亲手打造的精巧活动式菜单。

☕ 铁皮屋的美观与温度大作战

伪装术：倾斜天花板的视觉平整与空间放大

担心影响空间高度，原本不想做天花板的老板，在施工队工人的强烈建议下，最后还是做了。工人表示若担心影响空间高度，可以在不影响管线的状态下压缩天花板的厚度，而且铁皮屋、瓦楞板的屋顶没有遮掩时是很丑的，效果与裸露喷黑水泥的工业风格大不相同。

老板很庆幸最后听了工人的建议："好在做了天花板隔热，不然肯定会热死！"当初定址的时间是冬天，没有预期会遇到夏天的烦恼，加上玩味咖啡上方没有遮阴的二楼，阳光可以直射下来，不仅美观而且隔热，能留住来这里享受咖啡的人们。

由于希望天花板尽量做高以争取空间，装修工人依照屋顶原型做出倾斜的天花板，老板将灯饰以手动方式调整高低，刻意让灯具的光源高度平齐，天花板看上去逐渐趋于平整。前段走廊安设了看似有收纳功能的柜体，其实只是包覆壁面的装饰，却无形中增加了空间厚度，扩大了整体空间。

6. 天花板除了美观，还有隔热的实用效果。不同于前段吧台区吊挂的略显层次的麻绳灯具，后段用餐区灯具悬吊原则改以平整为主。

7. 装饰用的白色门扇。

☕ 照明设计一次满足
自然光＋装饰光＋间接光

在施工队工人的专业建议下，全店使用了柔和且均匀的间接光。除此之外，为了营造舒适的氛围，其余灯具的设计朝明亮偏暗的休闲感安排，只在吧台加强照明以方便工作，平时有户外的自然光源透窗而入，若有电脑使用者或读书的客人反映阅读吃力，就用移动式灯具补足光源需求。

1. 略偏暗的休闲氛围，方便促进情感交流，若使用电脑或阅读则依情况酌补光源。
2. 造型独特的工业风灯具。

☕ 无靠背椅追求容客率
小空间的尺寸更要斤斤计较

为求容客率，老板也直言店内的座位设置的确较为拥挤，对学生而言十分熟悉的研究室小圆椅，对上了年纪的客户来说就不够舒适，但店里的空间实在无法容纳有靠背的椅子，权衡之下只好采用无靠背椅。

空间有限，要如何安排桌椅的大小也是门学问，老板认为桌面虽然以小为原则，但也不能太小而不能使用，最起码要有可以放下两个餐盘，或是一台笔记本电脑加上一杯饮料的宽度。

店内前段为争取更多座位数而设置了吧台区，因为要顾虑座位后方走道的宽度，不能太窄影响动线流畅，因此在款式与尺寸上选择了比较能够贴近吧台的高脚椅。店内后段靠墙的长排木桌桌面，老板估算后认为最起码要有 30 厘米深度才能完整放入一般尺寸的笔记本电脑，但施工的工人在考量结构力之后，建议 25 厘米就好，关于这 5 厘米也经过了一番拉锯讨论。但千算万算，没算到因为高度刚好，有些客人靠着桌子聊天时就下意识地坐上了桌面……后来老板用木条再加强局部支撑，也借以提醒客人别把木桌坐垮了。

3. 吧台区搭配高脚椅，有效空出走道。
4. 出于安全考量，老板加强后段桌面的支撑。

灯光＋动线

示意图
Light & Line Schematic Diagram

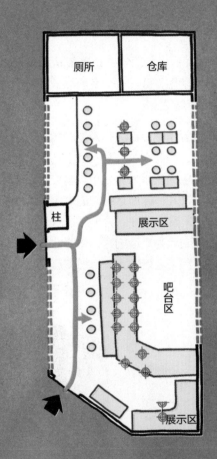

厕所

仓库

柱

展示区

吧台区

展示区

顺应长形基地分为前后两区

玩味咖啡顺应长形基地，以中段的柱与层架为中心，将店内分为前后两大区域，为小空间创造出分区的趣味，外侧座位明亮开阔，里侧座位适合想要深入聊天或者安静使用电脑、看书的消费者。

小店少见的全店间接照明

全店既有均匀照明的间接灯光，又有重点加强的独立灯具，让玩味咖啡整体的灯光层次相当丰富，尤其在鲜黄墙色的映照下，整间店呈现出温暖的氛围。

空间区域

示意图
Space Schematic Diagram

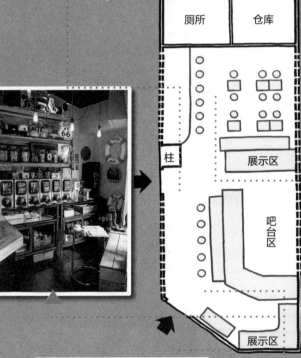

厕所　　仓库

柱

展示区

吧台区

展示区

要点 1

性价比最高，点这个准没错！

在玩味咖啡里，最受学生好评的咖啡、公认性价比最高的就是拿铁，除了品质精良，老板特意加码拉花，将近400毫升只要13元，保准提神又满意。对上班族而言，最受好评的是美式咖啡与拿铁咖啡，老板也真诚推荐手冲的椰加雪菲，这款回甘较明显的单品咖啡较为中性顺口，也是这几年来的热门选项。

要点 2

下午茶万岁！茶饮与轻食的美好诱惑

虽然强项是咖啡，但由于靠近大学，为满足学生群用餐与下午茶的需求，玩味咖啡也推出茶饮、三明治、松饼，价格实惠、用料实在，很有吸引力！店内还提供老板累积多年经验而推出的创意单品，像是摩卡冰沙，以及受季节限定的水果类饮料、冰沙等。

随时变换的装饰

要点

3

即是圆梦的小店，老板会随着季节更迭变换店中的装饰，像是入冬时以纸片在窗棂上做出雪景，带给客人不同的感受，只要有足够的时间酝酿创意，或是兴之所至，不管再忙再累老板也全力以赴，"我喜欢不停地变化"。虽然喜爱的是旧时代的氛围，但源源不绝的创意除了展现在餐点上，也反映在装修环境中。

华丽古典

Digout

🏠 台北市信义路四段307号

🕐 周一至周五08:00～18:00（咖啡）、19:30～03:30（酒吧）
周六至周日12:00～18:00（咖啡）、19:30～03:30（酒吧）

▦ 饮品、轻食、场地租借、咖啡豆销售

面　　积：46平方米
店　　龄：2年
店员人数：5名（不含实习生）
装修花费：32万元
设 计 师：老板

装修规划　Plan
白天是咖啡馆，晚上是酒吧

"咖啡馆与酒吧的方向的确不同，但两者与人互动的核心想法都一样。"进入工作转换期，决定自行创业的老板，想要创造一个适合与人交流的空间，决定开一间白天是咖啡馆、晚上是酒吧的店铺。刚好咖啡馆、酒吧的使用器具有部分重叠，店里的布置格调也可以安排一致，并没有太过复杂。

在风格设定时，老板并不刻意设限，瞬间的灵感常常没有蓝本参考，只能说是"生活经验的累积"。"如果让专业设计师来执行的话能避开许多装修的错误吧！"老板也直言提到，如果请设计师来设计，品质应该会更好。无奈预算有限，只好请设计师来做管路配置一类的施工图，其他如空间区分、尺寸、施工与材质选择、家具挑选等全靠自己做功课，再寻找适合的施工队在施工时提供意见。

营运历程　Progress
瞄准熙来攘往的上班族客户群

Digout，顾名思义就是"挖掘、挖空"的意思，老板开店的本意，就是希望客人来这里喝点小酒，边喝边聊，离开时完全释放了生活压力。

在店址选择上，站在咖啡馆的角度来看，门口的人行道刚整修完毕，看起来非常美丽，"想到客人经过的路如此舒适，离开的路线也会顺心，就觉得这是个好地点！"站在酒吧的角度来看，店址务必坐落于市中心，也是瞄准熙来攘往的上班族客户群。所以老板一开始就只留意大安区及信义区的店面。站在老板个人的角度来看，这里离家很近，租金也能负担，就这样拍板定案。

1. 以长条木片拼贴的厚实推拉木门，在线条变化上更显结实，也强调了木纹与色泽的脉络。
2. 如此大气的店，其实老板很年轻。
3. 显眼的圆形招牌。
4. 夜晚的酒吧模式氛围。

格调内敛高雅
藏不住的质感让人舍不得移开视线

　　坐落在信义路上，Digout 深沉木色的门面稳重而低调，厚实原木的质感及点缀式的金色元素，又很难让人忽视它的华丽高雅，其不同于时下咖啡馆的形象，让人不禁停下脚步观望，究竟这是餐厅、咖啡馆还是酒吧？

　　虽然门面包覆感重，但是从大片半腰清玻璃窗与浑厚的木百叶窗中，隐约透出的店内偏暗但氛围良好的光线，更让 Digout 充满神祕色彩。"喝咖啡需要明亮的光线，但喝酒的人需要私密。"因此白天时，木窗折叠置于两侧，让自然光源怡然洒落在吧台与靠门边的沙发区。当夜幕低垂，木窗则将清玻璃半掩，到了晚上十一点左右，木窗全部合上。木百叶不仅是装饰，更是空间气氛变化的推手！

1. 木质与里面砖头背景墙的色调搭配，让空间显得沉稳内敛。
2. 富含特色的折叠木窗，除观赏外也有调节光线的实质效用。
3. 简单明了的外墙菜单。

☕ 小空间也能有大设计
意料之外的空间放大术

走进 Digout，店内延续了门面的浑厚实木质感，色系上则偏红色，如店内大量的红色沙发、高脚椅以及装饰玻璃等物，感觉富有质感、迷你且温馨。左侧是吧台，正前方与右侧都是沙发座位区，视觉上没有延伸的空间，更使人感觉到了小面积的有限。

然而走近吧台，这块足足有 0.6 米宽、4 米长的深色铁刀木却戏剧化地推翻了刚刚的局限感，为空间带来大气视觉感。这一整块实木是老板在木材工厂找到的，木头的纹理舒适并抚慰人心，承载着人们各种情绪，成为店中带给大家温暖的主角。

吧台后方的一大片酒瓶，是咖啡馆与酒吧共营才有的趣味风景。厚重的吧台加上琳琅满目的酒品，真的有走进异域酒吧的错觉。

1. 成熟稳重的红色印象吧台。
2. 宽大的沙发是休憩聊天的好选择。
3. 110 厘米高的吧台，即便是较矮小的女性把手靠在吧台上也很舒适，坐在吧台上的客人与服务人员的距离则是老板测试过最自在舒服的 100 厘米。
4. 里侧的沙发区。
5. 吧台桌面漂亮的木头纹理。
6. 在吧台区设置的悬挂吊钩。

☕ 单纯空间的不单纯

木头与细节的堆叠共舞

厚实的木头元素是店内的主要印象，也是 Digout 装修的重要构成，这源于老板对木制物品的喜爱与坚持，因此在材质与品质上都有严格的选择。

空间的单纯化是 Digout 的另一原则，考虑到空间的狭小，老板决定让空间越干净越好，不给人太多干扰视线的定位。天花板、地板、桌面都经过上色处理，搭配灯光展现深浅有别，壁面则多用水泥刮上简单的纹路，在光影下线条低调却分明。

单纯的空间其实更需要细节的堆叠，才能烘托出质感，虽然店内的装修建材并没有追求最高等级，却非常重视"触感"的呈现。入口大门的拼贴、壁面的刮纹、木纹的保留与强调、皮革的纹理、彩色雾玻璃的花纹等，都让看似简约的空间寓意深远。再者，Digout 的杯盘等小物品的选用也别出心裁。

1. 刻画地板自然使用的痕迹，自有褪旧的美感。
2. 没有赘述，皆是利落的直线构成的天花板。
3. 关注小地方的细节。
4. 化妆室的隔屏用木框镶嵌彩色雾玻璃，鲜艳的色系为室内带来摩登感。

5. 水泥刮出纹路的墙面。

6. 厕所的墙面也经过精心设计。

7. 刻意做出的造型墙，当初只觉得适
合，没有太复杂的想法。

☕ 强烈明暗对比

店内所有的灯光都可以调整明暗度

在灯光上，Digout 选择以强烈的明暗对比作为特色展现，天花板与地板的部分尽量简单，呈现深色的木质色调，而墙面则明亮，引导客人的视线往看得到的地方聚焦。作为煮制咖啡与调酒的共同场所，灯光就成为转换氛围的重要媒介之一。

在 Digout 里所有的灯光都可以调整明暗度，销售咖啡时室内灯光的亮度会提高。为了解决单面采光在空间内部偏暗的问题，开业半年后老板在门口加装了轨道灯，用轨道灯增加亮度。夜间销售酒时则关掉门口轨道灯，改开 LED 灯条作为酒瓶瓶标的照明，同时也像是吧台入夜后的点点星光。

1. LED 灯条除了装饰效果，最重要的是照亮酒标。
2. 去灯具行或古董家具行挑选自己喜欢的灯具即可。
3. 为避免大灯的压迫感，改装四盏小灯维持照明度与空间的宽广度。

☕ 无关翻桌率，舒适优先

"我们想要制造不管哪个位子都会让人想坐的吸引力。"

吧台与厕所的位置确定后，其他的空间就是座位区，全室约 21 个座位。老板一开始也没将翻桌率放在心上，只想让大家感觉舒服即可，效仿欧美很多人站着喝东西聊天的模式，有位子可站就行。

吧台区的位子与高脚桌区都用高脚椅搭配，另外两块区域则选择能让人充分休息的沙发做主角，"没有看到合适的对椅，加上想让空间更活泼些，所以沙发都不成对。"而高脚椅则为统一款式，在吧台区一字排开，很整齐利落。

不管是沙发还是高脚椅，统一选择有质感的皮革包覆，另外沙发和高脚椅分别以钉扣、铆钉点缀，突出细节质感。

4. 沙发形式的椅子都是钉扣皮革款式。
5. 高脚椅皆是一整圈细密的钉扣。
6. 除了沙发外还有摇椅。

灯光＋动线

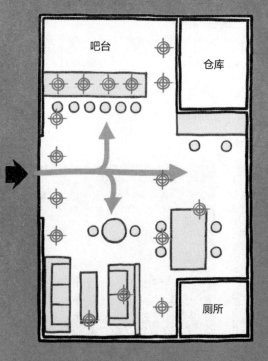

吧台

仓库

厕所

空间不大，也可以分区

　　Digout 的动线很单纯，一进门左侧
为吧台区，右侧则为座位区，虽然空间
不大，座位区还是用隔屏和高脚桌区划
分成了里外两个区块，呈现出层次感，
里外两区全部配以沙发。以小面积咖啡
馆来说，沙发配置的比例比较高。晚上
酒吧时段人多时，也可以选择站在走道
上喝饮品聊天。

走不明亮氛围路线

　　整体来说，店内的灯光并不明亮，
除了门口和吧台处配置了两排整齐的灯
具外，座位区灯具的造型和摆放的位置
都呈现出多元化，并且在灯光的明暗度
上也各不相同。

空间区域 示意图
Space Schematic Diagram

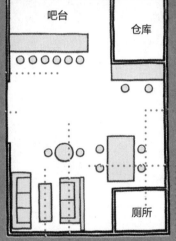

吧台

仓库

厕所

要点

1

不同时段的不同经营种类

刚好老板是调酒专业出身，也懂咖啡，才能做这种不同时段的复合式经营。虽然复杂了一些，但是也抓住了白天与夜晚不同的消费群体，是相当聪明也具挑战性的做法。

从晚间七点半至凌晨，是 Digout 与人交心的另一种模式，没有酒单，全凭与客人的互动来推敲、琢磨、推荐。

要点 2　咖啡的独特性——清爽口感的浅焙咖啡

在信义路四段想要喝到品质、价格皆具吸引力的咖啡，就肯定要来 Digout。拿铁与黑咖啡始终是上班族的最爱，而 Digout 的咖啡偏浅焙，酸度较高，与平常所喝的厚重口味咖啡相比，显得清爽不腻、自然回甘。

要点 3　不同调性的音乐区分

Digout 日夜不同的经营模式，自然也影响了音乐的风格。咖啡时段的 Digout 以舒服、轻快的音乐为主。酒吧时段的 Digout，周一到周四多选爵士或轻摇滚等令人放松的音乐，到了周五、周六，音乐就开始活泼激昂，撩拨苦候多日的放假情绪。

 法尔木

🏠 台北市同安街20-1号

🕐 平日7:30~20:00
假日10:00~20:00，周二休息

⊞ 饮品、轻食、场地租借、咖啡豆预售

面　　积：50平方米
店　　龄：1.5年
店员人数：2名（不含实习生）
装修花费：6.4万元
设 计 师：光晨空间设计 郑丞嗥

装修规划 Plan
蒸气朋克风的追随者

　　创店之初，本想致敬南非开普敦"真理咖啡馆"（Truth Cafe）—— 被 MSN 旅游杂志评为世界上最棒的咖啡馆之一，以蒸气朋克风为主要设计概念。所谓的蒸气朋克风，指的是流行于 20 世纪八九十年代的科幻题材，但在有限的预算与紧迫的开业时间双重压力下，只能改为工业风的设计主题，并以蒸气朋克风的精髓点缀，等待站稳脚跟后逐步加大蒸气朋克风的比例。

　　店面一开始是毛坯屋的状态，需要重新施作水电，铺设地板。由于位于中间的厕所让空间产生破碎感，设计师在平面规划时以厕所为界，区分为前段的"优先入座区"与后段的"隐秘空间区"，也特别斟酌铁件与木件的比例、挑高空间的舒适度，再辅以灯光的调和，以免风格过于冷僻。

营运历程 Progress
顺应空间特色

　　当初选择店址时，考虑的是"离地铁站近""邻近住宅与办公大楼"，希望借由川流不息的人潮与居家、上班族等不同客群的需求深入市场。经过缜密思量，法尔木选择了邻近地铁站出入口，交通相当便利，并凭借着好喝的咖啡与舒适、有特色的店面设计，在台北古亭地铁站附近站稳脚跟。

1. 拾阶而上，为进入咖啡世界暖身。
2. 法尔木咖啡馆的两位合伙人。
3. 店面一侧的店名与复古信箱。
4. 法尔木的特色——水管。
5. 近大门处的一角。

☕ 富有机械感的冷色调特色店面

稳重的格状式分割构图

从远处很难不注意到的机械感门面，以铁件与玻璃的格状构图呈现出秩序与理性的设计感，而灰蓝色的主调与玻璃上倒映的高楼影像相当合拍。屋檐下方暖色系的"Firewood Cafe"英文与大面玻璃上的法尔木机械咖啡豆LOGO温暖且可爱地提醒着过路人——没错，这是一间咖啡馆。

不论是气派的双层沟槽式屋檐，还是以玻璃与铁件构筑的有分量感的店面，都容易让人误以为这是一间大面积的咖啡馆，但是实际上，内部面积只有50平方米。

 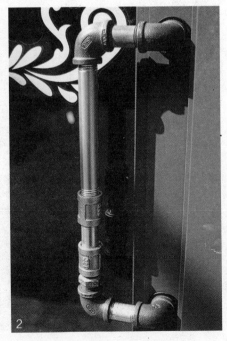

1. 屋檐的铁件质感、色泽都很吸人眼球，上下两层中间凹槽的设计也相当特别。
2. 店门的把手是老板DIY做成的水管门把，冷硬扎实的手感直触工业风的冷色调核心。

☕ 水管原来这么好用

木头与铁件打造亲切的工业风吧台

　　进入大门，右手边是店内的主要座位区，一侧长排靠窗，一侧长排靠墙。座位区水泥墙面延续店面的沉稳灰蓝色印象，与老板自己特制的粗犷风格的水管灯具、水管层架，以及水管桌脚、椅脚等巧妙融合，展现出不同于其他工业风店面的特色。而木制桌椅与暖色调灯源则中和了空间中的冷色调氛围，让此处既有个性又让人感觉舒适。

　　进门左手边是以大量木质元素堆叠出的温暖吧台，横纹的木板走向拉长了视觉宽度，再用铁件与铆钉描边，勾勒出满满的力量感，阳刚味中又带有木质亲人的特性。靠近吧台点餐时，水管支架、DIY 灯具、烘豆机等近在咫尺，它们不仅是装饰品，更是被"委以重任"的实用品。吧台上方竖起的栈板是目前筹备中的菜单墙，灯光角度也调整好了，就等老板们有空时进行下一步——挂上品类明细单。

3. 弹性极大的 DIY 水管桌椅位置，是增加容客率的重点区域。
4. 用细水管作为栈板支架与吧台出入口的分界线，颇有举重若轻的意味。
5. 黑色的铁件与铆钉，让木质的吧台看起来更为硬挺有型。

☕ 分配空间功能

修正格局，方正优先

第一印象看似格局方正的法尔木，其实是经过设计师巧妙修整才成为现在的样貌的。入门右手明亮的落地窗座位区，除非拿尺来量，否则很难看出长条餐桌并非是等宽的长方形，而是以座位安排的方式用餐桌做直线修饰，让空间不至于歪斜得太明显。

原是圆弧形的室内剩余空间则隐身于工作吧台后方，由工作人员加以利用；厕所原本就在中间位置，即使装修之初水路、电路、地板全部重做也无法变更，只能顺应设计将空间一分为二。靠近门口的位置规划为客人的优先使用区，而更深入的空间则作为预备空间使用，即使是注重隐私或想要更专心于手边事务的客人，也能在这半独立的区域中悠然自得。

1. 借由餐桌将视线巧妙拉直，保持格局方正。
2. 预备空间摆放四组桌椅，隐秘的空间感吸引需要安静的客人栖身。
3. 钨丝灯泡与自然光源是白天灯光设计的重头戏。

☕ "魔鬼"藏在细节里

只要 60 厘米 ×30 厘米的桌面

一般桌面的尺寸至少为 70 厘米 ×60 厘米，法尔木选择自制 60 厘米 ×30 厘米的桌面，考虑的就是店内的经营形态——没有正餐。来店客人所需的桌面宽度通常是一杯饮料加轻食，或是一台笔记本电脑加饮料，因此 60 厘米 ×30 厘米的桌面绰绰有余，而每桌省下来的面积可以作为放大走道的筹码，或者设置另一张餐桌。

有别于一般可以任意搬动的座位，外侧优先入座区的桌子全数固定于地面无法挪动，这样的做法让小空间的变数减少，确保了桌间的通道顺畅，不会因碰到桌子就干扰到动线，使空间更具有秩序也更稳定。需要拼成六人桌时，只要再拿取后方预备空间的可移动单人桌即可，这是老板经过缜密计算得出的结论。

优先入座区的大排长板凳既是通铺座位，也是增加容客率的重点设计，没有拼桌的座位数约可容纳 26 人，如果有需要可以坐到 30 多位，全靠通铺式座位的调节。

4. 预备空间中的可挪动式桌椅。
5. 桌面全数固定于地面。

☕ 向上延伸让小空间变宽广

蒸气朋克风格收藏品的酝酿成形期

可自由伸懒腰的挑高空间，是法尔木让人感觉轻松而无负担的关键。50平方米的有限空间，加上空间中部有厕所阻断视线，本是让人感觉先天条件不佳的场所，而老板不做天花板、不做夹层的选择，突显了高挑空间的优势，修饰了整体的狭小印象。地板则以水泥粉做出粗犷的感觉，统一空间格调，配合自然光源展现未经雕琢的材质原貌，均衡而平静。

源于对齿轮、机械、金属的热爱，店内也摆放了许多老板从二手市场搜罗来的物品。不同于其他工业风店家，店内的收藏品有一个明确的主题——蒸气朋克风格，将蒸气的力量无限扩大到蒸气力量至上的时代氛围，这种超现实科技幻想是老板所追求的，并朝着这个方向不断努力中。

1. 不做夹层，让每位访客享受挑高空间的大视野。
2. 里侧座位区墙壁选用"铁丝网"与"黑色"元素烘托蒸气朋克风格的氛围，材料简单，自己动手所呈现的效果也较为满意。
3. "机械"与"蒸气"的组合让古旧的农药罐成为蒸气朋克风格的代言人。
4. 水泥加上自然光源，呈现时间走过的痕迹。

☕ 夜间加班施工，缩短工期
一个月的装修期当成两个月用

　　为追求自然复古的感觉，老板刻意去找一些比较旧的木材或是二手的木条、栈板，制作成吧台、桌面、椅子、柜体等。吧台区白天委托专业木工制作，晚上老板则借助工人遗留在现场的机器重装上阵，自行制作桌椅、铁丝网框架等，好在工人大方出借机器，附近邻居也没有因为夜间施工来店质问，装修才能顺利进行。

　　购买旧的木材或是二手的木条、栈板，除了可以在网上搜寻关键词找卖家外，老板还在桃园找到了专卖废木料的地方，大大节省了预算，只是地处偏远，第一次去的人往往容易迷路。店家不提供运送，每天运来的木料也不一定能用，全靠自己碰运气去挖宝，还要雇车去拉货。买回来的旧木材经过整理后，有的会出现让自己惊叹的木质纹路，这种"刮刮乐"般的刺激，也是 DIY 装修的小趣味呢！

5. 一张张桌椅，都是老板熬夜工作的成果。
6. 自行设计造型的灯具，呼应工业风的钢铁灵魂。
7. 通铺式的座位，是老板用旧木料打磨制作而成。

灯光＋动线

示意图
Light & Line Schematic Diagram

面宽大于深度，动线短而明亮

由于原始隔间中带有厕所，设计动线是入门后左侧点餐，而右手边就是店内的主要座位区，通常第一次光临的客人多会选择此区的靠窗座位，享受日光、欣赏街景，或是靠墙的长板凳区，而熟客和需要隐秘空间者，则有可能会往更里侧的座位区探寻。虽然店内面积不大，但却顺着房子原始限制做了分区设计，意外创造出小空间中的层次感，满足访客不同需求，也创造了店内丰富的景致。

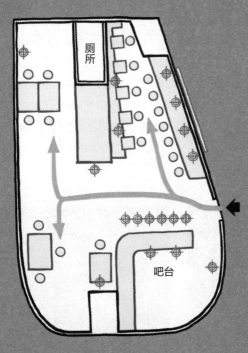

灯光层次为重点

与一般咖啡馆的明亮灯光不同，法尔木只有门边桌椅区自然光照充足，但随着深入室内，自然光源依次减弱。郑丞喨设计师表示，法尔木一开始就不走明亮可爱风格，经过打灯显现的层次感才是表达的重点。

白天大片的自然光线是重心，晚上则是灯光效果领衔。天花板只做高瓦数 LED 投射灯呈现，舍弃主要的扩散性照明，让夜间灯光借由强烈聚光性的对比，使落差更明显，并以呈现黄光的钨丝灯泡增加整体的暖度，拉近与访客的距离，不让访客止步。

空间区域

示意图
Space Schematic Diagram

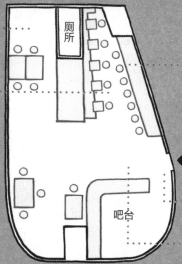

厕所

吧台

要点 1 买咖啡豆？请等七天

不同于一般咖啡馆的现卖咖啡豆，为了让客人享受最新鲜、味道浓郁的咖啡，法尔木的配方豆都需要预约，在接到每笔订单之后才开始烘焙、养豆的流程，最快七天才可以取货。

法尔木的咖啡豆调性居中，喝起来十分顺口，不管是做冰滴还是手冲，用摩卡壶、虹吸壶都适宜。

要点 2 只在每个周五出炉的限量手工蛋糕

做什么都很专心的法尔木，蛋糕也只在周五晚上制作，周六、周日卖完就结束。不似一般坊间用奶油或透明玻璃纸保湿，法尔木坚持新鲜美味，因此不大量制作，以求每片100% 纯手工的蛋糕都能以最佳状态呈现在大家面前。想要

吃到好吃的柠香起司蛋糕？假日记得来法尔木碰碰运气吧。

要点 3

独创机械咖啡豆LOGO

在外墙玻璃和店内的热杯上都可以看到法尔木的专属 LOGO ——以齿轮、铆钉组合成宛如机芯的咖啡豆，理性分析了咖啡豆的品性与价格，颇具特色，代表咖啡豆带给人们运转不息的能量。

之前有达人在台湾开办"咖啡杯套收藏特展"，特别指明"法尔木的 LOGO 是目前台湾咖啡馆中，我个人最偏爱的 LOGO 设计"。

要点 4

下阶段目标：户外座位

未来法尔木计划将门口左侧区块作为户外座位区，搭上棚子或阳伞后，可以更贴近自然与邻里的节奏，让客人尽情享受日光浴和咖啡，也让想要抽烟的人有地方可以安身，只是现在需要一点时间筹备动工。

1

2

工业风 CAFE O'TIME

🏠 台北市天津街56-20号

🕐 周一至周六10:00~23:30，周日12:00~22:30

▦ 饮品、轻食、场地租借、杂货售卖

面　　积：33平方米
店　　龄：2年
店员人数：6名（不含实习生）
装修花费：25.5万元（含设备，不含品牌规划、视觉呈现）
设 计 师：赖志琪

装修规划　Plan
从酝酿一杯幸福开始

有一群爱喝咖啡，为了喝到好咖啡可以到处跑的死党，在一次因缘际会之下，得知了老树咖啡（台湾知名老咖啡馆）的虹吸壶咖啡的关键制作技术。经过一年多时间的沟通、说服，其十足的诚意与对咖啡的热爱终于打动了老板，被传授技术后，他们顺利开店。

虽然虹吸式咖啡的萃取方法传统而典雅，但他们不想受缚于既定的窠臼，而是决定另辟蹊径，新旧交织，由空间引领产品，让传统风味也能给人全新的感受。

营运历程　Progress
百年传统，全新感受

一开始访客容易以"工业风"界定 O'TIME 的风格，但赖志琪设计师并不这么认为："我们倾向于保持空间原始的样貌，像天花板、壁面、地板等，都是拆卸了旧有装修后整理恢复的自然状态，并不是刻意的规划。"区别于一般咖啡馆的精致装修，O'TIME 更希望大家将关注力锁定在"咖啡"上，而不希望将装修的额外成本增加在产品上，突显产品本身的价值，才是 O'TIME 品牌经营的方向。

1. 粗犷空间以木制家具突出细节，打造整体氛围。
2. O'TIME 充满个性的老板。
3. 木制饰品带给人如同咖啡般的温暖感受。
4. 用灯光映衬虹吸壶，让萃取的过程更具艺术性。

☕ 无懈可击的个性与优雅

折叠门的美丽与哀愁

初见 O'TIME，很难不被它充满气势且优雅的白色屋檐所吸引。它成功运用建筑转角本身的先天条件，以纯白、水泥墙与少量的木材质，营造出经过 O'TIME 很难不驻足多看两眼的夺目风格。

另外，店长复制欧洲旅游时所见的美丽印象，选择折叠门作为门口终年迎宾的标志，增添欧洲小酒馆的浪漫情调，大受访客好评，也勾起不少人关于欧洲旅行的美好回忆。虽然为总体的氛围加分，但店长苦笑提醒，夏日时节依旧大敞的折叠门，使得空调费相当可观。

1. 冷色调而充满时尚感的外观设计，招牌设计带有名品的简约味道。
2. 师法欧洲酒馆的折叠门造型。

☕ 穿透感达成空间放大术
户外座位营造另类风情

　　O'TIME 利用三角窗地带能见度较高的优势，以清玻璃扩展内部仅10 平方米的视觉空间，拉近了与访客的距离，而户外区的座位则是无心插柳——"原本我们是以外带为主，且因为面积限制我们无法提供较多的座位，而想要坐下来品尝咖啡的客人实在太多，所以试着在门外放了一两组桌椅，反而营造出欧洲路边小酒馆的风情，外面的座位比原先店内规划的座位还抢手。"

3. 阳光为户外座位区提供了暖洋洋的用餐氛围。

☕ 对比手法突显咖啡温度

打造专属的冷色调时尚

进入 O'TIME 室内，黑色、灰色、木色三种主色让空间充满稳重质感。墙面与地板保留水泥无修饰的冷色调原色，黑色窗架、桌脚以及不锈钢台面等所赋予空间的理性与清冷，与厚实的木色桌椅和咖啡温度做了一个完美的调和。这种五感体验的对比手法，更能让人感受到咖啡炙暖的手感。

此外，白、浅灰等颜色能让空间有膨胀、放大、轻巧的效果，可在反射光线时带来扩大空间的功效，而适度的黑色直条纹铁件，则能使空间显得高挑。当然，玻璃的穿透感与镜面的反射，也是让 O'TIME 这一小空间创造出开阔感的关键因素。

1

1. 紧邻落地窗摆放的户外座位区，除延伸用餐空间外，仿佛也消弭了清玻璃的隔断，扩大了视觉空间。
2. 利用柱面安装层板，成为客人随手自取的调理区。
3. 不刻意摆放展品，装饰空间的多是朋友赠送的纪念品或植物。
4. 梳理管线后自然呈现的工业风格。

☕ 或站或坐，提供不同的舒适体验
比一般吧台更高的"立吞"概念

尽管在装修手法中用对比方式突出咖啡给人的炙暖手感，但吧台座位区毕竟还是客人长时间接触的区块。赖志琪设计师选择木头质感作为空间调性，并将其作为客人与实际接触建材间的媒介，只在视觉而非触觉上呈现冷清的意象，成为对比手法中重要的缓冲。

向英国的小酒馆致敬，O'TIME 将吧台做得比一般吧台更高，仿照日本"立吞"的餐饮模式，哪怕高脚椅坐满，客人只要架开手臂倚在吧台边也能舒舒服服地聊天，还能饱览吧台区咖啡师制作咖啡的美妙风景。O'TIME 将自己定位成畅谈无忌的好地方，白天也许喝杯咖啡，晚上换成饮料或啤酒也不违和，而"立吞"的餐饮模式也能有效利用空间，让浮动座位数量提升，增加容客率。

1. 仿照日式"立吞"形式的吧台，让人站着喝咖啡也从容惬意。
2. 井然有序的吧台。
3. 吧台就是吸引目光的舞台。

☕ 精简设计、精简动线
精打细算的35厘米

一走进 O'TIME，视线所及便是全部范围，动线很单纯，直线动线的右手边为吧台区，左边则为座位区，总共可坐 10 多人。

店内的桌椅刻意降低了高度，最初以为只是不从众的天马行空的创意，但细想之后才发现其实是 O'TIME 希望大家来"聊天"而非"办公"的私心设计使然。为了营造随性的空间格调，50 厘米高的桌子与 35 厘米高的椅子，其实比较像是家中常用的大、小板凳，既带着即坐即聊的不固定性，也谢绝了想带电脑来办公的客户群，将空间留给喜欢喝咖啡聊天的"自己人"。

不固定的桌椅为空间提供了极大的使用自由，更好移动、拼桌，以满足来客需要，也让在附近餐厅吃完正餐的家庭，能一起在 O'TIME 喝一杯暖心咖啡。

4. 外形一致的整组桌椅。

灯光＋动线

示意图
Light & Line Schematic Diagram

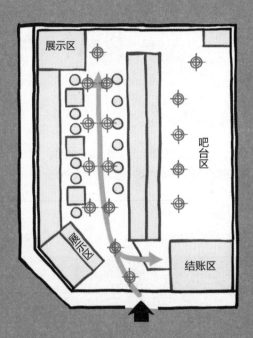

展示区

吧台区

展示区

结账区

符合直觉就是好的动线

狭长形三角窗的店面空间多单向发展，避免混淆动线。大门开口取决于动线设计，从大门入口的点餐、取餐到入内选择座位，采取一字形的流畅设计可充分利用空间面积。

吧台是最重要的视觉舞台

打墙安置落地窗，除了强调三角窗两边皆为店面的夺目优势，也让狭长形空间有更好的采光，因此灯光设计在O'TIME中不是以照明为主要目的，而是从"舞台"概念出发，将座位区的灯光刻意调暗，强调吧台区的灯光投射，让咖啡师的一举一动成为焦点，直至夜深仍亮如白昼，吸引访者到来。

空间区域
示意图
Space Schematic Diagram

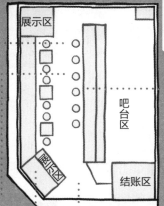

展示区

展示区

吧台区

结账区

要点 1

单品的魔幻魅力

　　"目前店里卖得最好的是美式及特调，但其实我们的单品咖啡喝了会叫人难忘哦！"传承日本的虹吸技术（利用水沸腾时的压力来帮助烹煮咖啡），能让客人感受不同的咖啡风情，也因为萃取方式不同，即使是因咖啡因摄入过多而容易心悸的客人也能放宽心，来试试虹吸咖啡的温婉之道。

要点 2

老板，最近推荐什么书？

　　O'TIME 的展示往往是随处可见的记忆片段：朋友送的可乐瓶，开店之初怕豆子受潮垫在下面的空心砖，最近浏览的杂志，推荐电影的海报……如同居家般的轻松惬意，舒压之余也能一窥老板们的生活状态。

要点 3

咖啡与热狗的二重奏

咖啡只能与蛋糕成对成双？O'TIME可不这么想。

当初本来只是想要与众不同，加上异域喝咖啡配热狗早已行之有年，于是老板开始自己研制肉酱，将异域热狗堡的风味重现于台湾六条通，有不少来自美国的背包客还赞誉"跟在美国餐车吃的一样好吃"。如同O'TIME的坚持，虽是传统方式烹调的咖啡，却要以不同的形式包装呈现，谁说老咖啡一定要搭配木制的老装修？在新潮流的设计空间与副餐搭配里，一样可以品尝到传统专业的好味道，还能携手传统自成一体哦！

要点 4

不定期的展演票券分享

看中O'TIME人流如织，不少当期首轮电影或展览会与O'TIME合作，提供票券或折价券以提升知名度。想要知道现在有什么好的展览吗？记得留心店内更新的相关海报哦！

1

🔲工业风 ☕CAFÉ **Wilbeck**

🏠 台北市开封街一段9号（Wilbeck 开封店）
🕐 周一至周五 7:30～20:30，周六、周日 8:00～20:00
🔲 饮品、特调咖啡豆、咖啡豆预定烘焙、外送、咖啡滤纸销售

面　　积：	35平方米左右
店　　龄：	6年
店员人数：	7人
装修花费：	8万～10万元
设 计 师：	老板

2

装修规划 Plan
要省钱，还是得要自己动手

一般 33 平方米的咖啡馆面设计装修费动辄要 15 万~ 20 万元，甚至有的到 20 万元以上，但 Wilbeck 的装修和装饰全都是老板自己来。除了请专业的水电工来帮忙拉线和请木工做了一个台子，其他包含地板、墙面、招牌、天花板、家具、木工等都是老板自己动手，所以 Wilbeck 才花了约 8.5 万元的费用就完成了一间店的实体装修。

就连复古家具和一些装饰都是去二手商店或二手市集挑选而来的，有时候在路上看到的废弃家具，被老板捡回去经过改装后也可能就摇身一变成为 Wilbeck 的家具。有些家具则是从美国买来的，每一个在 Wilbeck 的家具都有它自己的故事。

至今，Wilbeck 通常 3 ~ 4 年就会稍微改变一下店内装修，以增加新鲜感。

营运历程 Progress
起步早，仍是要战战兢兢

Wilbeck 开始营业在 2010 年左右，那时候小面积咖啡馆还没有那么多，手摇饮料店也才开始盛行，因此既是自烘豆咖啡馆，又是小面积的店面在那时来说算是先锋，没有几家店的风格做得像 Wlibeck，也因为起步早，培养了一批忠实客户。

目前 Wilbeck 的五家店都是选址在人流量大的地方，理想的地点除了有人潮外，最好是在转角过去的巷子口，或有一定深度的骑楼，人们坐在那里喝咖啡会很自在。

老板想说：开咖啡馆并非大多数人想象中那么梦幻，不像一般手摇饮料店只要靠比例和固定模式做出饮品就好，如何维持每一杯咖啡的品质，煮出不会让人失望的咖啡，并把握所有小细节才是最重要的。

1. 长形基地，吧台在最里侧。
2. 简单的帆布横幅即为招牌。
3. 店内家具与木色地板皆走沉稳路线。
4. 贴满集点卡的墙面。

☕ 香味才是最吸引人的招牌
像是在邀请大家入内的无大门设计

不同于一般咖啡馆，以外带为主的 Wilbeck 在店面设计上采用的是无大门的设计。一方面长形的基地门面狭小，如果安装了大门，门面会显得更狭窄；另一方面外带咖啡馆追求的就是欢迎大家入内，无大门的设计像是在跟路人说欢迎光临，用咖啡香和透出的灯光吸引消费者入内。

当初由于空间的关系，老板希望有明显的招牌，但是到后来却发现招牌的醒目与否并非重点，因此只在横跨骑楼的天花板上简单地做了一个帆布横幅当作招牌。店铺所在的位置周边，到处都是五颜六色、大小不一的招牌，所以当人潮在骑楼下穿梭时，目光注视的焦点反而不是招牌，而是声音和味道。

另外，Wilbeck 的所在地是一级商业区，左右两边都是手摇饮料店，因此若设计醒目的招牌，一般过路客反而会觉得与旁边其他的店没有差别，同样都是饮料店，要让人留意，用诱人的咖啡香招揽是很好的方式。

1. 虽然说只用一个简单的帆布横幅当作招牌，可是门口烘豆机所散发的咖啡香气，就是 Wilbeck 最引人注目的招牌。
2. 从店门口就可一眼望穿店内全貌。

☕ 天地壁的空间放大魔法
墙面亮、天花板暗

　　走进小小的店内，首先会被层次丰富的灯光所吸引，进而会注意到店内稳重的复古工业风格。除了装饰用的复古家饰外，对小空间来说，天花板、墙面与地板更是扮演了左右空间视觉效果的重要角色。

　　店内天花板用的颜色比墙壁和地板来得暗，可以让本来就不低的天花板更加向上延伸，并让人将注意力放在天花板以外的细节上。

　　大胆的亮橘色墙面，是店内一片深沉稳重色系中的亮眼之处。右面墙原本是木制隔断，后来用腻子填平木板的细毛孔，再用乳胶漆来油漆。左侧的文化砖也是老板自己买材料来完成施工的，为店内添加了层次变化。

　　地板材质选择的是在一般家具店和木材店很常见的南方松，不仅价格不贵，色调温暖，而且施工简单、好维护，很适合用在咖啡馆。施工时，将地板架高，位置排好，直接拿钉枪钉好就可以了，既快速又简单，当初 Wilbeck 只花了两天的时间就完成了地板的装修。

1. 亮眼的橘色墙面。
2. 充满古朴气息的南方松木地板。
3. 文化石砖。

让咖啡师在宽敞、方便活动的吧台表演

吧台前只摆放不遮视线的必要物品

吧台空间设计重点，主要是希望咖啡师们像在舞台上一样展现帅气专业的动作。在煮咖啡时的许多步骤其实都是专业的表现，只有足够的空间才能让他们舒服地工作，可以把动作表现得更有水准。因此对于小小35平方米的面积来说，Wilbeck 的吧台空间所占比例其实还是很大的。

在摆放设计上，吧台前避免摆放过多的、高大的物品遮住客人视线，尽量只放吸管、糖、奶精、名片等客人需要使用的物品。另外咖啡机的后背也尽量不朝客人，采用侧放方式，这样客人看向吧台，看到的刚好是咖啡师在咖啡机前的侧面动作，一目了然。

4. 客人在吧台外等候时，可以清楚地看到咖啡师煮咖啡的动作流程及吧台内的一切。

5. Wilbeck 也卖自烘的咖啡豆，为了避免遮住咖啡师们的动作，所以选择不放在柜台上，而是放在靠近客人的墙边嵌架上。

☕ 没有桌子的咖啡馆
靠墙沙发提供客人小歇的角落

Wilbeck 店铺的动线设计是直线式，为了不阻挡动线并节省空间，所以不摆桌子，同时也可减少客人在店里停留的时间。椅子部分则设定为供客人小憩的座椅，所以采用矮式沙发和小板凳。

在 Wilbeck 三位大男生创办人的心目中，需要营造些气氛才能有咖啡馆的感觉，在面窄径深的店面空间中，把吧台和收银结账处向后拉到店铺的最内侧，让出店铺前面的空间让客人走动。里侧靠墙摆放了几张简单的沙发和椅子，可以让等候的客人休息，并加入许多二手复古家具，营造出浓浓的欧式复古氛围。

1. 门前以装饰为主，吧台设在店铺的最里面。
2. 由于店门口就是公交车站牌，Wilbeck 提供小椅子让客人可以坐着边啜着咖啡，边等公交车。
3. Wilbeck 店内摆了一张舒适的沙发椅，希望客人能够轻松地转换心情再出发。
4. 角落的牛皮椅子和朋友父亲亲手做的小圆板凳，上面印有大写英文字母 W（Wilbeck 开头大写英文），而 JOE 是三位创办者之一的名字，颇具意义。
5. Wilbeck 店内的二手古董装饰很多，每个都是店里的珍藏，像这个收音机就是目前很稀有的二手古董之一。

☕ 用情境灯光制造气氛
不同灯光颜色＋种类

　　Wilbeck 利用不同灯光颜色和种类去营造情境式灯光氛围。主要的灯光来自天花板上的 LED 投射灯，每一面设计一个投射灯轨道，每个轨道放上两盏灯，好处是可以依照摆设自行移动位置和加设电灯盏数。LED 灯不仅耐用、省电，且散发出的热能比其他灯泡少，因此以 LED 白光灯为主灯。

　　接着再依照各地方不同的亮度和情境需求加上不同光源。在吧台区为了咖啡师作业方便，就加一盏工地常用超亮灯泡。要创造店内的温暖感，钨丝灯泡的微亮黄光可以立即提升这一感觉。烘豆不能太暗，用壁式台灯在旁辅助，简单又不占空间。多灯光的辅助对整体气氛的营造有非常好的效果。

1. 放地图的位置本来放置的是一幅画，上面的挂画电灯是在一间灯饰店看到的。
2. 放在门边的烘豆机因为工作需要更强的光源，于是在旁边多安装了一盏灯，用黄灯照明。
3. 白光通常用来照明，黄光用来装饰，因为其中部分墙面较为暗沉，加上右面墙壁已是黄色调，所以选择用 LED 白光节能灯泡作为主要灯源。
4. 有手感的钨丝灯泡一打开，黄光加上明显的钨丝线条，让店内气氛多了一分温暖的味道。

☕ 开放式店门口如何降低室内温度
一年四季冷气开放

　　Wilbeck 属于面窄径深的店面，室内没有窗户，仅靠着一台分体式空调从最里面往外吹风，不仅是为了降温也为了空气流通，必须一年四季一直开着。为了防止冷气流失，咖啡馆一开始加装了折叠门，但发现折叠门会影响烘豆工作和咖啡豆的品质（烘豆机在靠近门口的位置）。因此舍弃了折叠门，在这样的状态下，冷气散失得很快，几乎只在靠近内侧空间的地方才能感受到冷气的作用。

　　而咖啡馆最大的问题并非冷气流失，而是如何让热气排出去，最后老板加购了一台直立扁平式的水冷扇，把热气往外吹，这样做虽然有些改善，但到夏天还是热得人汗如雨下，怎么办呢？也只能忍耐了。

灯光＋动线

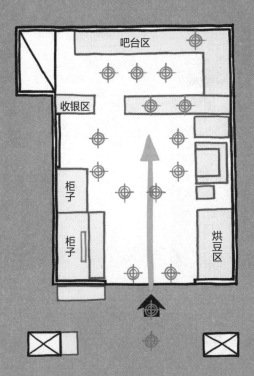

吧台区

收银区

柜子

柜子

烘豆区

笔直深入的动线

走动动线为：从门口进来沿直线到达最里面的吧台。以如此小的空间来说，吧台设置在最里侧算是最理想的设计，这样不会有多余空间浪费。另外，外带咖啡馆一般不会设置厕所。

小面积仍顾及灯光层次

虽然只有 35 平方米面积，但是灯数也不算少，在入门处、作业区以及展示区等处都有灯具配置，让狭小的空间因灯光而层次丰富、不呆板。

空间区域 示意图
Space Schematic Diagram

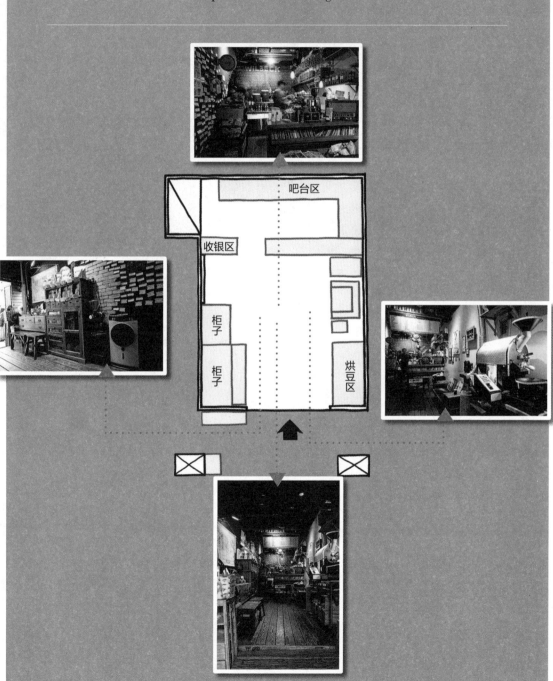

吧台区

收银区

柜子

柜子

烘豆区

要点 1 咖啡馆的客人需要培养

Wilbeck 成立时市场上几乎没有自烘豆咖啡馆，而 Wilbeck 创造出了"不会让人失望的咖啡"的品牌优势延续至今。咖啡馆需要用时间去培养喜欢喝自家咖啡的人，如今这几年，越来越多的咖啡馆主主打自烘咖啡豆特色，小面积自烘咖啡馆特色渐渐消失，因此除了靠特色来吸引消费者，五六年下来培养的客人也是如今支撑店内运营的一大主力。

要点 2 保持咖啡品质是关键

有五间店面的 Wilbeck 用豆量很大，如何保持一致的烘豆品质是门学问。Wilbeck 的三位创办人决定当某一位烘豆师烘出来的咖啡豆品质和口感都较优良时，其他烘豆师就会采纳他的咖啡豆比例和制作流程并制成标准去执行，为保持好品质而努力。

正在赚钱的店千万不能动

要点

3

任何商品都有其市场周期，显然 Wilbeck 正处于市场占有率高、产业成长率低的阶段，只要投入少量资金就可以维持目前的市场地位，属于现金收入来源最稳定的部分。因此虽然竞争开始激烈化，附近更是有许多手摇饮料店的竞争对手，Wilbeck 还是可以在台北车站商圈生存得很好。

亲近与快速

要点

4

无大门的设计本身就比有门的咖啡馆设计多了亲近感，少了推门的动作，让咖啡馆与街道在某种程度上融为一体，是外带咖啡馆的特色之一。另外，因为客人都在等着把咖啡带走，对冲泡速度的要求自然也是店内严守的原则，不然，客人是会失去耐心的。

1

嗜黑

🏠 台北市松山区八德路二段352号
🕐 周一至周五10:00～18:00，周六休息，周日11:00～19:00
▦ 饮品、场地租借、甜点、咖啡器具及外带杯

面　　积：	53平方米
店　　龄：	半年
店员人数：	4～5名（皆正式咖啡师）
装修花费：	约13万元（含家具，不含设备）
设 计 师：	创办人（总监）

2

Plan
外带定位，吧台为主，运用减法哲学的空间概念

嗜黑咖啡馆以外带吧为定位，主角就是吧台，因此也将投资重点放在吧台上，其他是等候区和休息区。每一块区域的装修都是依照商业空间的模块化设计的。

嗜黑咖啡馆总监黄秀玲坦言，设计上主要是参考了知名导演斯坦利·库布里克（Stanley Kubrick）的经典电影《2001太空漫游》中的元素，希望能带给消费者"穿越过去与未来"的感觉，因此设计元素直接跳过时下流行的工业风元素，改以简洁风格。同时希望带给顾客时髦且温暖的生活，借用了减法的哲学概念融入空间的规划中，不用金属，仅以木头及水泥等原始材料呈现空间感，因此在空间上设计得非常宽敞。

Progress
商区外带版精品咖啡，满足上班族的需求

直接由英文"Swing Black Coffee"翻译为"嗜黑咖啡"，可见老板对黑咖啡情有独钟的浓厚情怀，更可以看出这家店的主打商品就是黑咖啡。将咖啡馆定位为精品咖啡外带吧，老板想要把多样丰富的庄园级精品选豆研磨成粉，搭配自动化手冲的精准稳定，交织成完美的咖啡滋味。"热爱咖啡的朋友，必定了解精品咖啡有别于商业咖啡，因为每一口精品咖啡都能让人清楚地辨识出特定产区、庄园，甚至是海拔的高度。"黄秀玲说。

嗜黑咖啡馆之所以选址在商业区，是考虑到主要客群为上班族，并有别于其他专卖庄园咖啡馆的诉求，让消费者尽量在20元以内即可品尝到精品咖啡。因为上班族都有外带咖啡的生活习惯，而嗜黑咖啡希望能在这个外带咖啡的习惯中，再提供给他们更好的品质。另外，也有一些住在附近的比较重视饮食品质的邻居，也会常来光顾精品咖啡，为了表达善意，老板在一进门的玻璃墙角规划了友谊之墙，拉近与邻居的距离。

1. 结合木质与水泥质感的吧台。
2. 嗜黑咖啡馆里都是专业级咖啡师，此为店内招牌咖啡师 LEO。

1. 招牌设计也简洁有力，仅用一个
   "S"代替。
2. 不同材质相结合的特别吧台。
3. 一整排悬吊式咖啡机充满科技感。

装修重点 Emphasis ╋ ×**4**

☕ 具有沉稳质感的摩登店面
没有大门就是最好的大门设计

在商业气息浓厚的八德路二段，嗜黑咖啡馆以黑色、蓝色、灰色等冷色系以及线条图纹吸引了上班族的目光。直接对外的迎客吧台、无大门的设计使嗜黑咖啡馆与街道融为一体，仿佛在向每个过路人大喊"欢迎光临"。而骑楼内外纯黑的门楣压上白色的中、英文店名，即为简洁醒目的招牌。

由于店内面积不大，所以整个空间设计从骑楼便开始规划，包括天花板的设计，从骑楼一路带入室内空间里，使得整体空间看起来深邃幽长，有视觉放大的效果。另外，挑高的楼板更有往上延伸的效果。

嗜黑店面用色虽然较重，但是配色与构图的巧妙却有轻盈摩登之感，尤其横挂在骑楼上的跳色红绿彩带，在一片冷色调中营造出欢乐氛围，有画龙点睛的装饰效果。

4. 整个空间氛围从骑楼便开始营造。
5. 嗜黑咖啡馆主打精品咖啡外带吧。
6. 每一个光临嗜黑咖啡馆的顾客，映入眼帘的是门口的大电视墙，会不停播放嗜黑咖啡馆的信息及冲泡咖啡的方法。
7. 与店内风格相同的户外展板。

☕ 结合过去与未来

以电影《2001太空漫游》为设计元素

摒弃了金属设计，抛弃了传统咖啡馆工业风的设计主调，采用水泥和木头为设计的主要材质，只为了突显精品咖啡的与众不同。空间上分割成吧台、休息区、等候区三大区块。其中等候区有一张超长的牛仔椅子和四张可移动式的边桌。吧台上除了有现代款和古典款两种咖啡机以外，还有一个特制的蛋糕柜摆放甜品。而且吧台区设置的高脚椅，让每一个光临的客人都能感受到舒适感。

在空间上，简单为主要的设计元素，以空为主，衬托出空间的宽敞，试图让每一个在台北生活匆忙的上班族，都能在等待咖啡出炉的短暂片刻感到放松。

简单的设计，主要参考了电影大师库布里克的经典作品《2001太空漫游》。黄秀玲认为，设计思考比设计还难，对她而言，这部电影是她钟爱且值得借鉴的，因此在设计空间的时候，她希望借用这部电影的元素，让每一个进来的顾客，都能暂时忘却此时此刻，沉浸在过去以及想象的未来时光中。

每一个设计细节都由黄秀玲亲力亲为地规划，看得出来她对咖啡馆每一个细节都有高规格的要求，就如同她对咖啡的高品质追求一样。而简单素雅的空间设计，就如同不加奶、不加糖的精品咖啡，给人一种放松的空间感。

黄秀玲强调，减法哲学是她的设计理念，以空旷带来的视觉想象，才能让忙碌一天的上班族感到真正的轻松。

1. 空间上分割成前面的吧台、后端的休息区、墙面的等候区三大区块。
2. 在灯光照射下，墙上设计简洁的招牌产生阴影感。
3. 以简约风格的深蓝色与灰色为主色调。
4. 全室的木质装修突显精品咖啡的与众不同。
5. 吧台 OTFES 自动咖啡手冲系统采用悬挂式设计，极具太空感及未来感。
6. 回收杯架。
7. 礼盒及咖啡豆的销售区。

☕ 不能做的吧台，他们做到了

木头结合水泥的全新吧台

黄秀玲想要打造一个不一样的吧台、一个美学形式上全新的东西，在她的规划中，要打造一个木头与水泥结合的全新吧台，弃用以往咖啡厅的金属设计元素。

为了做出想象中的模式，黄秀玲曾求助于室内设计师及两位以水泥为设计素材的工业设计师，因为结构跟重量的关系，被评估后确定为不可行。

然而黄秀玲却坚持自己的设想，不断寻找新的工人来试验，就如同当初开设嗜黑咖啡馆一样，永不言弃。为此，黄秀玲还开模去调水泥。

从切水泥板、磨水泥、贴水泥，到打磨四边修毛边，每一个工序都要耗上两三天，加起来用了快半个月的时间。黄秀玲说："还有一个困难是吧台原先的设计容易断裂，嗜黑咖啡馆重新请工人调了近 10 千克的水泥，但是做不起来，后来再次沟通，将水泥板厚度从 0.8 厘米调到 1.2 厘米，还要解决因采用木头材质而造成的吧台表面的纤维问题。"

嗜黑咖啡馆实现了别的行家眼里的不可能，做成了室内设计师觉得不可行的事情，也成就了他们独一无二的设计。这个回避金属元素、跳过工业风的咖啡厅设计，也让每一个到访的人印象深刻。

1. 吧台区设置的高脚椅，让每一个光临的客人都能倍感舒适。
2. 等候区有一张超长的牛仔椅子和四张可移动式的边桌。
3. 墙壁用蓝色系营造简单之美。
4. 吧台对外的利落直线条设计。
5. 木头与水泥结合的吧台，可以看出水泥板上的纤维质感。
6. 木质桌子嵌入U形绿色半圆把手，也是黄秀玲跟木工讨论很久后才决定做的设计。

☕ 设计无极限，营造太空感
看不到任何墙面接缝、插座与空调机

除此之外，为营造出太空感，黄秀玲将空间里所有切割的线条都隐藏起来，让空间看起来连成一体，并且看不到墙面的接缝。长椅也一气呵成，连同细部到插座、空调机都与墙面颜色一致。甚至对于空调管线及灯泡的管路，黄秀玲都十分讲究同色系，将其隐藏起来，使空间呈现简洁有力的设计感。

"连吧台椅及等待区的沙发长椅，也是我跟工人讨论好久才精挑细选出的完美作品。以这个高度坐在吧台旁，才能放松地聊天。"黄秀玲说。另外连同地板的收边，也是她跟工人仔细考虑的结果。

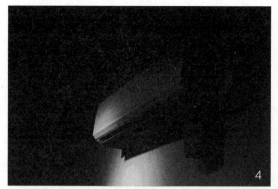

1. 黑色天花板设计，拉高天花板高度，也使小空间有放大的视觉效果。
2. 骑楼的天花板设计，也延续室内风格，以黑色与蓝色为主色做搭配。
3. 为了让空间的视觉统一，连插座都采用了跟墙面同样的颜色。
4. 空调机尽可能地隐藏起来。
5. 吧台与地板的收边。
6. 不怕刮的木地板材质，纹路让人感到温暖。
7. 室内灯用三条纵轴的轨道灯，分别营造沙发等待区、动线及吧台、工作区的照明。
8. 利用工业风的灯罩设计，营造吧台区局部照明，活跃聊天氛围。
9. 全室最特别的照明是在销售区，用一支夹灯做局部照明，强调了产品特色。

灯光＋动线

示意图
Light & Line Schematic Diagram

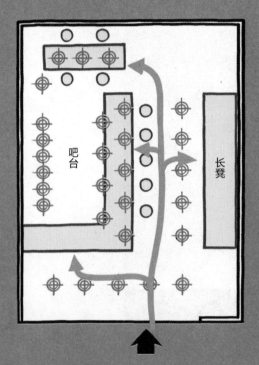

吧台

长凳

单一动线

嗜黑咖啡馆的空间规划十分简单，吧台为主要工作区，其他则为一进门的销售区、长沙发等待区及最里面的休息区。动线也依此规划，形成单一动线。

整排同造型灯光

而灯光方面，主要以轨道投射灯为主，沿着主动线整齐排列，但在吧台及休息区多架设了造型简洁的工业风吊灯，统一的造型符合嗜黑咖啡馆的利落感。轨道灯管垂直而下，增加局部照明，也使现场气氛更为活跃。

空间区域

示意图
Space Schematic Diagram

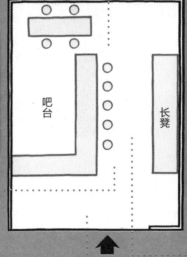

吧台

长凳

要点 1

提供相关咖啡杂志的免费阅读

店里面有很多跟咖啡相关的杂志，顾客可免费阅读。

要点 2

试饮奉茶及咖啡培训班

嗜黑咖啡馆为拉近与邻里之间的距离、增加与上班族的互动，除了会不定时在门口举办咖啡试饮的奉茶活动外，还会举办嗜黑时光——手冲咖啡入门体验及进阶班，采用6人小班制，与专业的咖啡师们密切互动，并进行实际操作，还可以自己带家里的咖啡壶、杯一起体验。

要点 3

以外带精品咖啡为主，为上班族提供更好的生活品质

以外带为定位，以上班族为主要客户群，嗜黑咖啡馆希望为每一个在台北商业区工作的朋友带来精致的生活体验与享受，让每一个上班族都能在工作的压力中体会精品咖啡带来的美好。

要点 4

不定时提供独家研制点心

除了嗜黑咖啡馆的庄园精品豆子咖啡外，最让人津津乐道的莫过于独家研制的创意点心，无论是甜滋滋的布朗尼，还是小农有机荔枝烘干的荔枝司康饼、柠檬水果派或意大利脆饼（Biscotti），都吸引附近上班族前来，连孩子都喜爱哦！

 # 现代感 ODD

🏠 台北市北投区西安街一段231号

🕐 周二至周五11:00~21:00
周六至周日10:00~21:00，周一公休

▦ 饮品、轻食、场地租借、甜点、餐点

面　　积：	11.5平方米
店　　龄：	半年
店员人数：	2名（不含实习生）
装修花费：	不详
设 计 师：	老板

1. 停在店外的三轮车是隔壁邻居赞助的，ODD 正在进行绿化施工。
2. 年轻可爱的老板娘。

Plan
渐进式装修，分段式实践

一对爱喝咖啡、跑咖啡馆、从事品牌视觉设计的夫妻，在因缘际会之下，将距自家步行仅 3 分钟路程的咖啡馆租下，并使其成为他们实践想象力与创造力的地方。

接手经营不过半年，还有许多细节需要修整，老板娘想要把落地窗改为更有木质感的半开式墙面，墙面可以悬挂大图或刷黑板漆，外墙面也想用木片包裹，让木质感更突出……许多改造的想法在脑海中酝酿，却因为事务繁忙及外墙施工难度大而延迟。

"其实咖啡馆老板真的挺忙的，目前只能先从环境绿化着手。"轻轻一句，带过咖啡馆老板的充实生活，而渐进式装修除了争取时间、累积预算与设计能量外，也让旧雨新知更加期待 ODD 未来的变化。

Progress
找工作室莫名成了咖啡馆老板

11.5 平方米中的六度奇迹

老板与老板娘本来没有想这么早就担任咖啡馆老板，起初只是想要找个工作室，有个能跟客户开会的空间就好。

ODD，既是"异数"，也是"艺术"的谐音，如同莫名租店的奇遇一般奇妙，老板夫妻认为以此命名再合适不过，ODD 咖啡馆由此产生。依照原本工作室的构想，他们会在店里架设投影仪方便操作，却也保持了以前咖啡厅的个性风格，让客人成为咖啡馆的重要角色。

"来店里的客人年龄多为 25 ~ 45 岁，有艺术总监，补习班老板、老师，武术馆馆长，还有商人每次返回本市都会携带家眷过来喝咖啡，这里就像是大家的秘密基地！"

1. 小而圆的招牌设计是大楼规范的格式，以黑、白色作为设计基调。
2. 恐龙玩偶意外地与 ODD 装修风格搭配。
3. 吧台区高脚椅。

装修重点 Emphasis ×5

☕ 现代简约时尚魅力

白框与清玻璃的透明印象

西安街一段是条宁静的单行道，在缓慢生活的步调中有偶尔路过的公交车，也在新大楼的店面里新开设的一家咖啡馆。黑、白、灰色调构成的现代感遮阳棚简洁利落地压上店名，透过清玻璃就能将店内一览无余，中央的拉帘上投影着店里最近的主打餐饮，彩虹吧台是店里最为缤纷的焦点。

轻便的户外桌椅线条纤细，给人以轻盈优雅之感，推开略有分量的侧拉门，店里微暗的灯光与老板娘亲切的问候让人倍觉温暖。不管坐在室内还是户外，都可以边喝咖啡边欣赏对面公园的清新绿意。

4. 简单的户外桌与一旁的绿植营造出悠闲气氛。

5. 在新大楼下低调经营的 ODD 咖啡馆。
6. 醒目的吧台与电影《星球大战》的"白兵"在门口迎宾。
7. 老板娘在玻璃上的 Q 版手绘让清玻璃窗热闹起来。

☕ 11.5 平方米的极致迷你空间

用色彩营造惬意与童稚乐趣

11.5 平方米的店，小到一进门便可将店内情境尽收眼底，但活泼的色系与陈设让人感觉此空间充满生机，在视觉效果上感觉比实际面积更宽敞一些。

老板通常自右侧的小桌子起身，为第一次光临的访客介绍咖啡与餐点。一条条漆好颜色再钉上的木片装饰着吧台桌脚，成为吧台令人难以忽略的特色，与点餐区摆放的锅碗瓢盆相得益彰。店内面积不大，仅吧台区就占了将近 1/3，搭配高脚椅的大桌如果坐了人，势必要侧身才能通过，但也正是因为如此靠近的距离，才让人势必要开口沟通，这也无形间促成了结识的契机。

门口右侧的"秘密小桌"是老板的专用席，也是老板亲手打造的工作桌，结合上掀式冰箱的 L 形，与所有座位保持一定的距离，让暂时不想开口的客人留有舒服的自处空间，当客人有需要时也能马上支援，体现了老板的贴心设计。翻开手作的菜单，举目所见的宣传页全出自老板夫妻之手。ODD 吉祥物北极熊以海报、棉花糖、电源盖的方式呈现，小细节里隐含童趣。

1. 点餐区摆放的可
   爱杯皿既有实用
   价值，又让人赏
   心悦目。
2. 吧台与大桌相
   连，彩虹桌脚在
   简单的空间中特
   别出色。
3. 结合上掀式冰箱
   的老板专用席。
4. 每张桌子上都
   放着精致的小玩
   具，既是装饰也
   欢迎客人同乐。
5. 迎宾的"白兵"
   其实也是老板的
   玩具。

☕ 收纳取舍

锱铢必较的空间细分法

对于承租前咖啡馆的部分装修，老板夫妻选择留下彩虹吧台与室内桌椅，将店两侧的储物柜拆除，"我们需要简洁的空间感，让空间更舒服。"虽然有落地清玻璃拓宽视野，但狭长的 11.5 平方米空间里，收纳是必须面对的挑战，"我们重整吧台与长桌下方的储藏空间，利用明确的间隔将物品归位，尽量不在桌面堆放物品。"

吧台区后方分割出一小块用来摆放长形的收纳架，餐点料理的调味品也放于其中。用缝制了多个口袋的布帘作为储藏空间的隔断，一来透气，二来也可在袋子里放置工具。最后，运用少量购买食材的方法降低库存空间，虽然因此提高了成本，但也让空间更舒适！

6. 吧台与长桌下方的收纳有条不紊。
7. 有条理的摆放让物品呈现自身质感。
8. 争取有限的空间，连墙角都做了收纳利用。
9. 与一般咖啡馆相比，料理吧台由于面积限制更显迷你，但依旧厉行简约原则尽量将物品精简化。

☕ 简单空间，配色更需经典
现代时尚与暖感木质的发酵

让空间更为舒适的另一个重点是配色。老板由衷喜爱黑、白、灰的低调色，因此选择粉刷灰色的壁面与深灰色的天花板，配上白色窗帘突显吧台桌脚的多彩多姿。而 3.6 米的挑高优势让小空间得以延展而无压迫感，因此老板不考虑繁复造型的天花板设计，也放弃了大吊灯的悬挂计划，改以造型简单的小吊灯为主。

窗帘是既有的装饰，不仅方便投影仪的使用，也成为会议时间外的广告墙面。色调温润、让人倍感亲切的木地板、吧台、木桌，与灯光一起为整体空间加分。

1. 灰色与木质的融合，让空间稳重而不失温暖。
2. 深灰色天花板减少自身的存在感。

☕ 室内桌椅风格的延伸

户外桌椅的选择之道

　　店内的桌椅多数是前位老板留下的，由于契合空间风格而留用，加上一些花草点缀，让木质风格更有生机。延续室内木桌面、铁椅脚的设计元素，老板夫妻在网上寻觅良久才找到适合室外空间的桌椅。"一桌二椅是当初就决定好的搭配模式，除了造型简单、设计元素里外搭配外，因为我们每天都要收桌、摆放，所以要兼具好收纳、可折叠的特点。"

　　户外选择小桌面是考量到使用的灵活性，方便即时收纳、拼桌。找到这组桌椅前，老板也曾经起心动念要自己 DIY 适合的款式，节省预算外更符合需求。

3. 由于外墙不便随意变动，于是摆放与吧台桌脚相同设计的木板美化墙面。

灯光＋动线

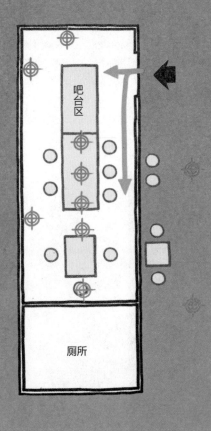

吧台区

厕所

室内、室外超过 10 个座位

狭长形的店面，客人入门后直接面向点餐区，点餐后可选择左侧的长桌或独立小桌区，或是在门外的户外用餐区用餐，动线单纯，视线无遮蔽。

光源打在墙上营造气氛

在黑、灰、白色的空间场所中，店家选择以柔软的黄光为主，并将招牌灯也改为黄光，夜深时看起来更为温暖。由于空间小，各桌间距离很近，因此选择以营造气氛的方式将光源打在墙壁上，如同小酒馆的微暗，让客人感觉放松。

空间区域 示意图
Space Schematic Diagram

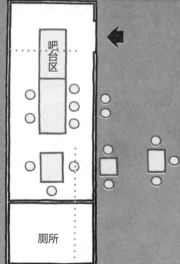

要点 1 ODD 骑楼音乐会

借由神秘的"六度空间"理论，老板夫妻穿针引线，将身怀绝技的客人们逐个串联引荐，开始举办小型的讲座或是音乐聚会，让客人在这里大方展现才艺。在这里可能听到流行歌曲，也可能听到歌剧《图兰朵》，充满了未知的惊喜。在这个小小的空间里，人与人之间的互动更加热情，也让互不相识的客人变成好朋友，让友情随着 ODD 的咖啡香萌芽生长，这是当初踏进 ODD 时想不到的收获！

要点 2 今天有什么吃的？——无菜单料理

在 ODD 里，大部分的熟客进来往往劈头就问："今天有什么吃的？"连看菜单的时间都省去了。因为菜单更换的频率很高，美式汉堡、德式猪手、热狗堡、熏鲑鱼、贝果等，随老板心情而变化，刚开业时还卖过牛排与鸡腿排。

有时也满足熟客的神来一笔，端出其指定的拉面，宛如日剧《律政英雄》中的酒吧老板上身……更厉害的是客人评价都很高。最近老板夫妻还在研究深夜食堂版的豪放料理，让人充分享受无菜单料理的喜悦！

要点 3

绝对ODD 咖啡

在主打手冲咖啡的ODD，可供选择的种类极少（只有三五种），也看不到常见的"巴西""曼特宁"，全是因为老板夫妻秉持平面设计者的精神，无法接受一成不变，因此总以非主流咖啡豆来挑战客人的味蕾，但意外的是反映颇佳！不管是浑厚偏苦的"黑贝比"，还是拥有清爽果酸韵味的"小男孩"，随着豆子的时节、气候、烘豆师的不同，自有不同的层次感受，也让爱尝鲜的客人很上瘾，在 ODD 咖啡里总有新鲜货！

要点 4

老板娘认证甜点

爱煮也爱吃的老板娘口味极刁，为了搭配店里的咖啡，她吃遍多家知名糕点店及工作室的蛋糕，才选出适合的几款。为求新鲜的口感，只能不定期供应给运气好的客人，像是备受青睐的起司蛋糕一旦在社交网站上写出"到货"，往往在一两天内就售罄，或许不喝咖啡的客人心里应该悄悄地把 ODD 定位为一家卖咖啡的蛋糕店吧！

第三章

迷你咖啡馆的
经营诀窍

Business know-how of the mini cafe

　　选址、商品规划、设计与经营、销售包装……小面积咖啡馆与一般咖啡馆在经营方式上有何不同？达人无私分享小成本咖啡馆开业的经营战略，新手经营者要看，想提升竞争力的经营者更要看。

问题1 相比于大型咖啡馆，迷你咖啡馆的定位区别与竞争力是什么？

迷你咖啡馆与以提供座位为主的大型咖啡馆相比，一开始在经营上的定位就有很大的不同，需要谨慎思考接下来的营运策略与相关配套设施。一般来说，迷你咖啡馆的基础优势有以下几项：

租金较便宜 （以相同地段来说）	水电、人事成本节省	省下部分装修和家具设备的添购费用	小空间较好打理，弹性大	以外卖为主时，咖啡杯数销售不受座椅数限制

▶ 营运成本全面压低

最基本的，空间小，租金、用电、空调等成本自然也跟着压低，这也是近几年越来越多的人开小型咖啡馆的原因，尤其是对资金较不宽裕或者初入咖啡馆市场的经营者来说，低成本就是一个好的开始，压力比较小。再者，就像豪宅难被照看一样，小面积咖啡馆座位较少，需要打扫的地方也比较少，一两人就足以应付，省下人力成本，有的老板自己就可以照顾整间店。

达人专访 INTERVIEW

握咖啡 · 赖昱权

· 握咖啡经营者
· 2014年WCE 世界咖啡烘焙锦标赛烘豆冠军
· 多次受邀演讲，传授咖啡知识

· 视觉设计师出身，从吧台手做到世界冠军
· 自创握咖啡、cafe 自然醒、coachef 等咖啡品牌

❯ 小面积咖啡馆在选址上可以有更大的弹性

有些人在面积上节省了租金成本之后，会把节省的部分资金用在选址方面。例如同样是人潮汹涌的台北车站商圈，你或许租不起一间66平方米的一楼店面，但是只要将租屋的目标面积降低，或许就可以找到符合租金预算、人流又多的位置。虽然对于同样的面积，你在较偏僻的位置绝对可以找到更便宜的店面，但是考虑到人流带来的商机，在预算范围内自然建议选择人流多的地点。

❯ 座位少没关系，外带带出好生意

许多小咖啡馆在营运上会定位在以外带或卖豆为主，虽然这也可以看作座位数少的权宜之计，但确实也有很多店专攻此方向。从一开始的看人流选址，到实际运营后咖啡技术与速度的要求等都做出一定的标准，培养起外带客户群后，在营运收入上会相当可观，并不会低于大面积的咖啡馆。

❯ 小店的机动与灵活

不管是店内风格的呈现、活动的开展、布置技巧，还是餐饮内容等，小店跟大店比起来在执行上都有更大的弹性与自由，在一段时日后更换也比较容易。

问题2 在地点选择上，迷你咖啡馆有特别的原则吗？

⟩ 尽量找人多、可以集合人群的地方

迷你咖啡馆不能以店内座位数作为来客数的指标，而需以人流量大的外带市场为主。

（1）第一步当然就是找人流多的地方，因此可以找交通方便、有公共交通、好停车、容易被发现的地方，例如上班族上下班都会经过的位置、观光地区等。

（2）另一个寻址原则就是找可以集合人群的场所，如展览会场、市集等。

若符合以上条件，那么就是一个不错的开店地点。地点比别人好，只凭这一点就可以拥有别人难以超越的优势。

● 位于旗津渡口斜前方的咖啡馆，游客排队搭渡轮时都可以看得到，因此是人潮集中的地方，无形之中增加了咖啡馆的曝光率。

问题3 如何评估人流量和市场消费环境?

▷ 量化人流——计数器出动

在确认要将咖啡卖给谁后，要观察人流量和市场环境。计算人流量最简单的方式除了大环境的观察外，准备计数器针对某间店铺在某一时段、固定地点下计算人流量是最直接的量化数据。在进行一个点以上的经营地点评估时，用这样的量化数据较为准确可靠。

▷ 地区消费倾向观察

除了人流量之外，该商圈或地区的消费倾向（含价格、种类、消费时间、消费模式等）、同类店铺分布状况、人流组成、租金都需要一并考虑进去，一面与自己咖啡馆的资源和优势做比较，看是否能够符合该地区的消费需求，并创造优势、赚取利润。若是的话，恭喜你，找到了一个不错的开店地点。

Intimate tips
迷你咖啡馆经营的贴心小秘诀

咖啡馆设好定位后就要贯彻始终，不要偏离主题。

观察的方式可以通过实地访查，比如平日与假日的白天或晚上等不同时段的抽访，并去该区域了解店家消费水准与模式。另外也可以通过与当地熟人或陌生人的对谈深入了解该区域，还可以上网搜寻资料等。

问题4 店内该准备什么商品？
要准备多少？

⫸ 以店家最拿手的种类为主

咖啡馆销售的商品当然是以店家最拿手的咖啡种类为主要项目。对于有些不喝咖啡的客人，可以在菜单上设计一些茶点或饮料，但要记得不要脱离咖啡馆的主题，所以还是要以咖啡的种类占多数，勿让客人产生错觉。例如可以提供 80% 的咖啡种类和 20% 的茶类供消费者选择。

⫸ 不摆放过多的设备器材，利用最少空间创造最大的经济效益

在设计销售种类的同时，也需要考虑空间的大小，迷你咖啡馆不适合摆放过多的设备器材，因此在设计商品的同时，必须慎重考虑额外设备器材存在的必要性，以最少的设备和最小的摆放空间制造最大的经济效益，提升附加价值是准备销售商品的思考项目之一。

● 店内摆设简单，光是饮品和咖啡的相关设备就差不多将空间占满，因此将最有价值、内行人一看就懂的高级咖啡机放在最显眼的位置，将咖啡磨豆机摆在次显眼的地方，将一些零星的东西往里放。

问题5 在进货方面，是否有技巧可以分享？

▶ 直接跟咖啡豆厂商合作

因为店越开越多，用豆量变大后，直接跟咖啡豆厂商合作也有比较好的议价空间和附加条件，例如可以请对方在装咖啡豆子的麻布袋上直接印上自己的LOGO，也可以自己决定咖啡豆的品质等级和价格。同样是卖咖啡，商品进货量大就拥有提升产品品质的优势。

▶ 保持咖啡豆的新鲜度，创造高品质咖啡的良性循环

同时，专心致力于咖啡品质的稳定和提升，只有口碑所创造的人气度稳定成长，才会有更多的人来买咖啡。咖啡豆消耗的数量越快，豆子就越新鲜，做出来的咖啡品质就越好，如此良性的循环也会让咖啡馆在营运上更上一层楼。

问题6 关于商品设计，迷你咖啡馆有需要特别注意的地方吗？

销售的商品不在于多，而在于精，只提供给客人自己有把握的商品种类，依着自己的能力做出自己的专业水平就够了。例如只专注于把最好的咖啡提供给客人这一件事，就会越做越精。

❯ 销售的商品尽量不要用盘子盛放

在商品设计上要注意的是，尽量缩短客人占用位置的时间，销售的商品尽量不要用盘子盛放，也就是说有盘子的东西不卖。例如小饼干，就可以用可爱的纸盒或纸袋装给客人，这样的动机似乎无形中暗示客人不适宜久坐品尝，而是现在就可以马上吃掉，从这些小地方做改变，也能悄悄地提升客人的翻桌率。

❯ 不要什么钱都赚，以顾好咖啡馆本身为主

在人流量多的迷你咖啡馆，可以说店主至少是饿不死的，但要有"不要什么钱都赚"的心态。不要为了满足客人所有的需求而多做了很多东西出来，这样反而无法维护咖啡馆本身的专业性，这一点需要特别注意。

问题7 如何创造多元收入？

⟩ 从客人的需求中找出重复及类似的需求加以整合，开发出附加商品

　　虽然说不要去满足客人的所有需求，但却可以从客人的需求中找出重复及类似的需求加以整合，开发出附加商品。开发附加商品的目的主要是为了让客人增加记忆点，利用新商品带给人的新奇感，加深客人对咖啡馆的印象，所以与其说是多元收入的一种，不如算是一种销售的策略手段和给客人的额外服务。

● 握咖啡从客人口中了解现在的消费者越来越重视饮食安全，因此当被客人询问有没有外带方便，且不用担心塑料或纸杯中的化学溶剂溶到液体中的杯具后，德国蔡司瓶就出现了，它的瓶身玻璃特别厚，不用担心有不安全的化学物质溶进液体中。

⟩ 将销售咖啡豆的销售额转为咖啡馆重要的收入来源

　　若要创造咖啡馆的多元收入，还可以从周边商品着手，例如喝咖啡时配的小点心、咖啡馆自烘的咖啡豆、滤挂式咖啡、咖啡礼盒等。有许多迷你咖啡馆因为咖啡品质深受客人喜爱，销售咖啡豆的销售额反而成为咖啡馆重要的收入来源。

● 开发属于自己品牌的商品，例如咖啡豆、杯子和咖啡相关用品等可以统一集中放置，供客人挑选。

⟩ 额外的便利服务：外送服务、网络订购服务

　　另外，提供额外的便利服务，像是外送服务、网络订购服务等也是增加收入的方式，但还是要记得咖啡馆设定的主题理念和定位，不要顾此失彼，而忘了咖啡馆的价值核心。

问题8 如何确定商品价格?

大众普遍可接受的咖啡单杯价格大约在30元以下

迷你咖啡馆要做的是大众生意,需要将价格调整到大众能接受的范围,以目前的市场水平,大约在 30 元以下,30 元以上的咖啡在氛围好、面积大、座位多的咖啡馆还可以,但以外带咖啡来说,30 元以上就有点曲高和寡了。不过还是要看当初咖啡馆设定的是将咖啡卖给谁,若是卖给为了好咖啡而不在乎花费的客人,那么一杯 30 元以上的咖啡也是可以的,像星巴克就是一个偏中高价位的例子。

所在商圈与客人的消费习惯

所在商圈客人的消费习惯和物价也是决定商品价格很好的参考要素,可以通过观察发现客人愿意掏出多少钱来买咖啡。例如,普遍来说,大家对信义区咖啡馆的商品单价的容忍度,就会明显比板桥咖啡的高一些,你可能会听到:"没办法,这里是东区嘛!"

Intimate tips
迷你咖啡馆经营的贴心小秘诀

> 每个咖啡馆品牌都有最初的设定,若有新想法,建议创立新品牌以做区分,避免在一个品牌下放进太多重点,变成什么都有的杂货店。

回归成本与希望赚多少钱

除去与市场相关的外在因素,以付出成本和预估卖出的数量,来反推每杯咖啡的定价是最稳扎稳打的做法。

一分钱一分货? 质感与特殊营销定位

当然,定价还含有许多特殊因素。有的店家纯粹是因为想将自己的店设定为高价位路线,或是想以平价或低价为诉求来走薄利多销路线,当然,此种做法还是需要评估客观条件,例如对于一间环境不好,咖啡又不好喝的店,单价高的策略反而招致不好的效果。

问题9 该不该有座位?

≫ 先以有无多余的空间摆设做考虑

要不要设置座位首先要看的是，除去吧台作业区、动线后，有无多余的空间设置座位，若空间相当有限，摆放椅子的优先程度会大于摆放桌子的，可以让想坐下来喝咖啡、休息一下的客人有个栖身之地。至于桌子，则可有可无，可以争取空间多摆一些供人歇脚的椅子。

≫ 椅子可选择长形板凳、高脚椅、单人椅

供人歇脚的椅子顾名思义就是只让客人坐一下，尽量不让客人久坐，因此在椅子的挑选上可以舒适度作为依据，越舒适的椅子就会让人想坐得越久一点。有些人会用长形板凳、高脚椅、单人椅等，这些椅子就是为了给人简单坐一下而设计的，所以每位客人坐着的时间都不会很久。也有人在店里摆放小沙发供客人使用，这要视店家想给客人怎样的感觉而决定。

问题10 店铺的设计重点是什么？

迷你咖啡馆的店铺设计重点可以在动线的流畅度上下功夫，考虑如何利用有限空间吸引客人和快速流畅地卖出咖啡。

＞ 利用有限空间吸引客人

煮咖啡的设备与吧台是整个咖啡馆的核心，有店家把烘焙咖啡豆的机器摆在靠近门口的地方，利用烘咖啡时产生的香气和机器运作时给人的新奇和信任感吸引客人。也有店家将名贵的机器直接摆在最明显的位置，让识货的人一看就知道这间店的咖啡水准与众不同，可以迅速吸引客人目光，拉长客人在店门口的停留时间。

＞ 快速卖出咖啡的作业动线

迷你咖啡馆以拼杯数为主，又以外带客人占多数，外带客人最不愿等待，所以如何快速地从点餐到做出一杯好咖啡交到客人手上，销售流程的顺畅度也是考虑的重点之一。外带客人排队和内用客人的动线也不要相互冲突造成打结，熟食区和煮咖啡区应分开，同时作业才不会互相干扰。水槽属于常用设备，可以设置多个，将洗杯子的和常用的洗手台分开等，检视这些小细节，以加速销售流程。

问题11 应该请服务员吗？
还是自己来就好？

在咖啡馆刚开始运营时自己来就好，一方面省成本，一方面熟悉经营运作和市场，等到需要人手时再请人也可以。但新人上手需要一段不短的教育培训时间，这意味着你在员工身上投入的成本不会小，所以若需要请人，要有这样的心理准备。

⋙ 视咖啡馆的营运阶段和自身的能力而定

当咖啡馆的生意越来越兴盛，甚至准备开分店，而自己分身乏术时，请人是必要的，但不能只请现阶段所缺的人手，要为未来开分店时的人力多做储备，但自己还是要监控产品品质。因此是否请人应该视咖啡馆的运营阶段和自身的能力而判断，但不是请人之后就能逍遥地当个收钱的老板了，还是要在咖啡馆的运营上付出心力。

问题12 迷你咖啡馆的
人事成本占几成才算合理?

　　与一般咖啡饮料店差不多，人工成本控制在 25% ~ 30%，当然也是越低越好，视自己想多赚多少来决定。

一般饮料店成本大致参考：	
（每间店各有不同比例调整）	
成本（食材+包材）	35%
人工	30%
店租	15%
水电杂费	5%
净利润	15%

问题13 如何提高翻桌率？

﹥环境气氛和休闲娱乐越好，越让人待得久，翻桌率越低

迷你咖啡馆虽然桌子少，但高翻桌率还是可以为店内带来较高的营业额。店内的环境气氛和额外的休闲娱乐都会影响翻桌率，如音乐、灯光、拥挤程度、人员熟识程度（温馨度）等，环境越舒适越想久待是人之常情。若以翻桌率为优先考虑，最好别在店内放书和杂志，那只是邀请客人多花时间驻留的原因。

基于这一点，在舒适与翻桌率之间，有的店主会做一些取舍，或多费一些小心机，例如让灯光的明亮度不足以看书，或者不要选用最舒适的椅子等，但是也不能不舒服到让人根本不愿意再来消费，微妙的尺度需要拿捏。当然，从积极面来看，你也可以将店内环境尽善尽美地做到最舒适，用其他营销活动来开创更多客源，毕竟人们络绎不绝地进门消费才是根本的优势。

﹥其他提高翻桌率的提示

在一般餐厅，当店家希望客人尽快离开时，会勤收桌面或直接限定用餐时间，或是刻意播放轻快的音乐等，但是这些在讲究气氛与气质的咖啡馆中执行比较困难，换个角度思考，制定利落的作业流程或许也是让咖啡馆节奏加快的一种方式。

营销
包装

问题14 迷你咖啡馆能成为连锁品牌吗？

迷你咖啡馆当然可以朝连锁品牌模式发展，现在市场上就有许多以迷你咖啡连锁店品牌出现的店铺，例如 Louisa、Kama……当你想要把自己的咖啡馆品牌往外推广，让更多人知道时，打造连锁品牌就是一个不错的选择。

▷ 增加广告效益，以让更多人看得到为原则，追求营业额和利润的稳定发展

若一开始就打算朝连锁品牌的模式经营，开第一间店面的目的可以先以增加广告效益为主，选择地点以让更多人看得到为原则，等到开第二、三间店时再开始追求营业额和利润的稳定发展。而能够开第二、三间分店，其至有办法一直拓展分店，必须是要东西够好才行。

成为连锁品牌后，不仅知名度会提高，经营规模也会变大，采购方面会有比较好的议价空间，但相对地，如何维持所有店的出货品质？有没有足够的人力担任合适的位置？这些品质监管和经营管理上的相关问题就更有挑战性，要注意的细节也更多。

Intimate tips
迷你咖啡馆
经营的贴心小秘诀

关于咖啡馆的停车场设置与交通便利性，若在规划之初就贴心地为消费者设想好，相信也会让消费者感觉到方便与用心。例如有的咖啡馆前面留有停车空间，客人若骑车来买咖啡，可以将摩托车或自行车停在店门口，相当便利。

握咖啡

问题15 迷你咖啡馆的营销技巧是什么？

▷ 除了地点，还是地点

营销就是要将自己的优势让别人知道，你不说你的好，没人会知道。因此，营销第一步，从选地点开始，如同之前提到过的店铺选址原则，开在人流越多的地方等于越多人能看得到你，无形之中就做了知名度的宣传。

▷ 新商品与话题产品

利用新商品带给客人新鲜感，不仅加深客人的印象，还可以创造由一个话题延伸出的许多营销活动和营销渠道的曝光机会。例如咖啡外带瓶、集点墙活动、新口味咖啡挂耳包产品等。

问题16 如何形成咖啡馆的名人效应？

创造品牌的灵魂人物，也就是名人效应，借用灵魂人物的名气为咖啡馆提升人气，使客人因为某人的关系想来咖啡馆消费，在这样的操作下，将会让咖啡馆和灵魂人物有紧密的联结，这样不是咖啡馆单独在营销，灵魂人物的个人品牌也会影响到咖啡馆，所以选对品牌的灵魂人物也很重要。

有些店会运用明星光环，例如花钱请代言人，代理知名人士开的咖啡馆就是用这样的方式做营销。另外，也可以通过在咖啡界的知名度和专业度进行宣传，例如获得国际咖啡界赛事上的奖项或肯定，需要注意灵魂人物设定的前提是，必须对品牌有加分作用，而且对咖啡馆品牌有一定忠诚度才行。

问题17 如何打造品牌视觉系统？

　　进行设计前，品牌视觉系统最好先设定好，有了依循的视觉设计标准才会有完整一致的品牌统一性。品牌视觉系统包含品牌颜色的使用、辅助色系和LOGO呈现的相关使用规定（大小、底色、留白的多少、不可翻转变形等规范），可帮助品牌呈现统一视觉感，加强消费者对品牌的辨别力。

　　例如星巴克的绿色LOGO、麦当劳的黄色LOGO，因为消费者对品牌颜色的印象已经有了，所以若这些LOGO用别的颜色呈现反而会让消费者觉得怪异，这就是消费者对品牌视觉产生的印象之一。

● 可以明显看出咖啡品牌的主色系是红色，但会用黑、白两色加以辅助，此品牌所开的店面也都是以木头色系装修为基准，因此会有统一的品牌视觉感。

Intimate tips

迷你咖啡馆经营的贴心小秘诀

经营咖啡馆是事业还是兴趣？两者观点是不同的。若要开咖啡馆，勿用兴趣来经营，请将之视为一辈子的事业，否则宁可不开。

咖啡机用"租"的，减轻初期经营的现金压力

开咖啡馆当老板不是梦！通常做梦容易执行难，租金、人工开销大，资金问题压得人喘不过气来。如果手冲技术不够好，为了保持咖啡的品质，要直接购入一台动辄数万元的咖啡机吗？

一次买断的成本太高，何不用"租"的呢？不仅增加了周转金的灵活度，最重要的是，还能同时享有专业的咖啡机维修服务，免得"孤身一人"的老板遇到故障，一天的营业额就损失了。

除了买断，用"租"的才是王道

❯ 减少资金压力

开店失败常见的原因之一，就是资金不足。一间好的咖啡馆，在设备上绝对马虎不得，然而一台要价数万元的咖啡机，并不是每个人都负担得起的，这时用"租"的咖啡机，正好能解决业主在创业初期资金不足的问题，大大降低购买机器的成本，换算起来，用租的不会比买的贵。

❯ 拥有长期专业维修能力

泡出一杯好咖啡的关键在于机器本身的温度、湿度与压力的调节，需依照气候、现场环境适时调整。尤其在长期使用下，咖啡机难免出故障，所以在选择租赁咖啡机公司时，应该特别注意是否有具备专业维修能力的团队。

一般的公司都号称有维修能力，但是实际上都是业务兼维修，并没有独立的工程部，充其量只能说是排除故障，做不到细部分解、修理或更换机器坏掉的部分，真正遇到问题时还是会转发出去给专门维修的厂商，如此一来一往其实是浪费店家时间，增加营运成本。

达人专访 INTERVIEW

金咖啡·程德安

· 金咖啡股份有限公司总经理

❯ 到底应该选择半自动还是全自动的咖啡机种类

如果你是擅长餐点而非烘豆、手冲咖啡的老板，那么最烦恼的应该是如何选到一台适合的咖啡机吧！

半自动咖啡机煮出来的咖啡品质不稳定，而且技巧比较复杂，需要具备一些专业技术。专业吧台手就可发挥充填和压实的技巧，而且对于已经有一定的冲煮咖啡知识与技术的人，可随时依所需的萃取程序来中断萃取，冲泡出一杯有专业水准的咖啡。所以半自动咖啡机比较适合以卖咖啡为主的咖啡专卖店。

全自动咖啡机煮出来的咖啡，品质有一定的稳定度，因全自动之故，咖啡风味只能维持在一定水准，较适合对咖啡风味、品质要求不是很高的业者采用，比较适合外带的店或是以流行风格为主诉求的店家。而市场上一般机器的租金，依咖啡机等级而定，可以依照初期运营的能力来选择。

图书在版编目（CIP）数据

迷你咖啡馆设计经营一本通 / SH美化家庭编辑部著
. —— 南京：江苏凤凰科学技术出版社，2018.1
ISBN 978-7-5537-8632-2

Ⅰ. ①迷… Ⅱ. ①S… Ⅲ. ①咖啡馆－室内装饰设计
②咖啡馆－商业经营 Ⅳ. ①TU247.3②F719.3

中国版本图书馆CIP数据核字(2017)第266100号

原著作名：《迷你咖啡店装潢设计——好设计，咖啡店成功一半2》
原出版社：风和文创事业有限公司
作者：SH美化家庭编辑部
本书由风和文创正式授权，经由凯琳国际文化代理

迷你咖啡馆设计经营一本通

著　　　者	SH美化家庭编辑部
项目策划	凤凰空间／杜玉华
责任编辑	刘屹立　赵　研
特约编辑	杜玉华　姚　远

出版发行	江苏凤凰科学技术出版社
出版社地址	南京市湖南路1号A楼，邮编：210009
出版社网址	http://www.pspress.cn
总　经　销	天津凤凰空间文化传媒有限公司
总经销网址	http://www.ifengspace.cn
印　　　刷	北京建宏印刷有限公司

开　　　本	710 mm×1 000 mm　1/16
印　　　张	14
字　　　数	224 000
版　　　次	2018年1月第1版
印　　　次	2024年1月第2次印刷

标准书号	ISBN 978-7-5537-8632-2
定　　　价	69.80元

图书如有印装质量问题，可随时向销售部调换（电话：022-87893668）。